JN120191

シリーズ
食を学ぶ

食の商品開発

開発プロセスの
A to Z

内田雅昭 著

昭和堂

はじめに

・・

内田雅昭（公益財団法人サントリー生命科学財団）

　私が商品開発に初めてかかわったのは、1985年にサントリー株式会社（当時）に入社して間もなくの頃でした。当時は大手のビール会社の主要なビールブランドは、基本的に各社1種類で、自社名を冠した名前のビールでした（「キリンビール」、「サッポロ生黒ラベル」、「アサヒ生ビール」、「サントリー純生」）。1987年にアサヒビール株式会社よりスーパードライが発売されて大ヒットすると、マスコミ等で4社間での「ビール戦争」と騒がれるほどに熾烈な新商品開発が次第に活発になりました。

　これまでにあった「ドライ戦争」、「発泡酒戦争」、「第3のビール（新ジャンル）戦争」、「ビールテイスト飲料（通称ノンアルコールビール）戦争」の全てに私自身もサントリーの商品開発者として参戦し、100種類強の商品開発に直接関わることになりました。多くの商品を開発してきましたが、現在も市場に残っているブランドとしては、残念ながら2ブランド（第3のビール「金麦」とビールテイスト飲料「オールフリー」）のみしかありません。しかしながら、多くの商品が各社から開発されてもすぐに市場から消えていく市場環境のなか、2ブランドでも現在においてなおもトップブランドとして市場に残っている商品の開発に「中味」[1]開発者として関わることができたのは、奇跡的といえるかもしれません。

　幸運にもこの奇跡と巡り合うことができた経験により、開発した商品

---

1 「容器の中のもの」の意味。「なかみ」と読む。飲料業界での「中味」は、味や香りを感じることができる液体といった意味で使用する

が消費者に選ばれ、そして継続して飲用していただき、そしてなにより喜んでいただくことができる商品を開発するためには何が必要なのか、そして多数の商品開発の失敗からは、消費者からの支持が得られない商品となったのはなぜなのかについて考える機会を与えられました。さらにはメーカーにとっての商品開発の意義、消費者にとっての価値のある商品などについて多くの人と議論するなかで、たくさんのことを学びました。

　これまでの商品開発に関する書物は、「誰に、何を、どのように売り、利益を上げるのか」を展開するマーケティング活動を構成する一部の要素としての商品開発について言及したものや、商品アイデアの創出方法や商品コンセプト立案のハウツーに関するもの、消費者調査方法などが中心でした。商品開発を成功に導くために必要な要素を俯瞰的に述べ、商品開発について真の消費者視点で書かれた書物は見受けられません。

　本書では、私が飲料の商品開発、そして工場での新商品を含むさまざまな飲料の製造経験を通して学んだ人の心を動かし、喜びや楽しさ、そして満足感を与えることができる商品開発の姿の全貌について、可能な限り事例を交えながら記載しました。

　飲料を始めとする B to C（Business to Consumer の略称で、企業が個人に対して商品・サービスを提供する取引）の商品開発が消費者の生活に対して、そして社会、地球に対して、どのような貢献ができるのかといった観点についても記載し、今後のあるべき商品開発の方向性についても提案しました。飲料に限らず、さまざまな商品の開発の将来について考えている方々の参考になれば幸いです。

開発ノート

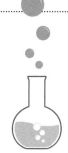

● Column

❶ メーカー企業の商品開発の仕事の進め方　7

❷ 「おいしさ」に関する教育の重要性　33

❸ グローバル視点の商品開発　36

❹ post コロナ、with コロナと商品開発　78

❺ 消費者が発する「おいしい！」の曖昧性　96

❻ 脳科学によるブランドの評価（コカ・コーラとペプシコーラ）　118

❼ 品質第一── 品質管理と品質保証の違い　143

❽ 五感で喜び、楽しむ　195

❾ ビールがもつ世界観　203

❿ 環境変化に適応できた企業が生き残る　209

序 章

商品開発とは

キーワード

商品開発

●

消費者

●

お客様

●

顧客

●

商品開発プロセス

●

ヒット商品

イントロダクション

　製造業における商品開発部門は、一般には花形部門であり人気のある職業のように思われているようです。ロングセラー商品、すなわち長期にわたって売れ続けて収益をあげている商品の開発に成功すれば、その商品は日本国内だけではなく世界市場も視野に入り、世の中の多くの人の心に潤いを与えることができます。一方で、商品開発は、企業が存続し、発展していくためには欠かせない非常に重要な役割を担っており、商品開発部門は責任が重いとも言えます。

　本章では、本書で商品開発の全貌について理解を深めていく前に、まず商品開発とは何であるかについて述べます。

　なお、本書で記載のある「消費者」、「お客様」、「顧客」については3頁の図1のように定義し、使用しています。

1

商品開発の役割を考えてみましょう。仮に新商品の開発を全く行わないと、企業はどうなるでしょうか？　その企業の主要製品が顧客に飽きられることなく支持を受け続け、さらには新しい世代の消費者にも自然に受け入れられ、将来にわたっても収益を上げ続けていくことができれば、商品開発を行わなくても企業の存続に問題はありません。実際に、創業以来の価値（おいしさなど）や品質を守り、昔から変わらない伝統的な商品を作り続けることにより消費者の信頼を獲得し続け、安定した売上げを上げている歴史のある老舗企業などが存在します。

　しかしながら、最近では時代の変化と共に技術進化がめざましく、社会構造や消費者の価値観が変化、多様化してきているなかで、そのような変わらないことを価値とする商品を保有する企業は非常にまれになっています。

　企業は、新商品の開発に取り組むことで市場環境や消費者から求められる価値（商品）の変化に対応していかなければ、企業としての存続が危ぶまれる時代になっています。

1 企業の存続・発展の要となる「商品開発」

　デジタル技術のめざましい進化により、これまでになかった全く新しい価値をもった商品が生まれ、市場環境も目まぐるしく変化しています。フィルムカメラの時代からデジタルカメラの出現、現在ではスマートフォンのカメラ機能の充実により、フィルムカメラの市場はかなり小さくなり、現在では、性能面でもカメラの競合はスマートフォンになっていることは周知の事実です。

　日本国内におけるアルコール飲料業界の中では、日本酒が全盛であっ

図1　「消費者」、「お客様」、「顧客」の定義

本書では、「消費者」、「お客様」、「顧客」については以下のように定義している。
「消費者」＝買い手側の総称。
「お客様」＝消費者の中の当該商品のターゲット。
「顧客」＝商品を購入したお客様。

出所：筆者作成。

た時代もありましたが、現在では他のアルコール飲料に取って代わられるようになり、アルコール飲料市場における日本酒の占有率は他のアルコール飲料（ビール、焼酎、ワイン、リキュールなど）と比較して大幅に低下し、歴史のある多くの中小の日本酒メーカーが廃業に追い込まれてきました（13頁の図2も参照してください）。

　また、「飲み会での最初の一杯はビールで！」といったビールならではの価値が認められていましたが、最近の若者の間では「飲み会での最初の一杯」はビールではなく、ウイスキーハイボールやチューハイなどに取って代わられる場面も増えてきました。すなわち、ビールメーカーの場合、従来はビールというアルコール飲料カテゴリー内でのメーカー間の競争が主であったものが、現在ではアルコール飲料の各カテゴリー間での競争に打ち勝つことが必要になっています。

また、世界を見渡してみても、米国におけるビール市場では、バドワイザーやミラー等に代表されるナショナルブランド[1]全盛の時代から、現在ではクラフトビール[2]の占有率が増加しており、ナショナルブランドとしてもクラフトビールを無視できなくなっています。日本国内でもクラフトビールへの流れが生まれつつあります。

　以上のように、市場環境が変化することにより、企業間での競争は同種の競合品との競争だけでなく、同種ではない商品との競争になるケースが出てきています。一方、飲料業界ではこれらの市場環境の変化に対応するべく、これまでにも多種多様な商品が上市されてきました。そして、現在ではそれら商品のコモディティ化が進み、差別化は難しくなっており、日本市場は既に飽和しているとも言われています。新規需要を喚起するための新しい価値のある商品の開発が難しい時代になりつつあるなか、新たに海外市場に目を向けて活動をしている企業も多く出てきています。

　企業が以上のような消費者の価値観や市場環境の変化に対応できずにいると、企業の主要商品が市場での競争に敗れ、市場から商品が消え去るだけではなく、企業として存続すること自体が危うくなる事態に陥ることにもなりかねません。そのような状況に陥らないために、商品開発は企業が取り組まざるをえないものになってきています。さらには、新商品の開発だけではなく、既存の主要商品についても現在の売上げを維持、拡大するために、新たな価値をその商品に付加することで消費者の

1　製造メーカーによるブランドであり、全国的に展開されているために入手しやすく、消費者にも広く知れわたったブランドをいう。

2　小規模な醸造所で造られる少量生産のビールのことで、多様で個性的なビールがある。

購買意欲をさらに喚起し、市場を拡大していくといった事業活動も重要になっています。市場環境の変化やその予兆を素早くキャッチし、その市場環境に即した新しい商品の開発を他社に先駆けて進めている企業のみが、企業業績を大幅に伸長することができる時代になっています。

　最近では、市場環境だけではなく、商品を取り巻くさまざまな社会環境の変化が起こっており、そのような変化に対しても適切に対応していく必要があります。例えば国内の食品・飲料業界では、少子高齢化による国内市場の縮小やグローバル化、食の安心・安全確保の重要性やサステナビリティへの取組みの必要性の増大といった社会環境の急速な変化への迅速な対応が求められています。また、デジタルテクノロジーの発展にともない、消費者のライフスタイルの変化も起こっています。企業は、常に社会環境のさまざまな変化に注意を払い、変化の予兆が認められた場合に競合に先駆けて対応できるように、常日頃から将来を見据えた商品開発を推進していくことが必要になります。

2 成功する「商品開発プロセス」

　基本的な商品開発プロセスは確立されており、市場では毎年多くの商品が開発されています。しかしながら、商品を数多く開発すれば、ヒット商品を生み出すことができるというわけではなく、多くは失敗に終わります。数々の商品開発の経験を積んでいくなかでヒット商品を開発した成功体験をすることが重要であり、その経験の中から成功した要因を学び、その知見を蓄積していくことが商品開発担当者、そしてメーカーの財産になります。人の心を動かしてヒットした商品には、必ずヒットした「理由」があります。

工場での大量生産

プロセス設計　製造関連の標準類　品質保証（QC工程表）
HACCP、ISO9001、ISO14001

基本的な開発プロセス　　知財戦略

市場調査　コンセプト設計　中味開発　パッケージ開発　品質保証設計

ネーミング　デザイン設計　コスト設計　コミュニケーション　新規原料・素材の
　　　　　　　　　　　　　　　　　　戦略　　　　　調達

生産技術開発

スケールアップ技術

新設備の設計・
導入・立上げ

新製造プロセスの
開発

基盤研究

機能性素材の　　原料加工技術の
探索　　　　　　開発
先端技術の　　　機能性・嗜好性の
導入　　　　　　研究

品質保証技術開発

分析・評価技術の
開発

図2　成功するための商品開発プロセスの概要

出所：筆者作成。

　しかしながら、最近では市場には既に多くのあらゆる商品が溢れており、「ヒット商品を開発した」という成功体験をなかなか経験できないといった実情があります。また商品アイテム数が少なかった過去の市場での成功体験は、多種多様のものが溢れた現在の市場における新商品開発の障害になっている一面もあると考えられます。現在では基本的な商品開発プロセスは確立されていても、成功するための商品開発プロセスが見えにくくなっている時代と言えます。

　図2に、飲料に関する、著者が考える成功するための商品開発プロセ

Column ❶　メーカー企業の商品開発の仕事の進め方

● ● ● ● ● ● ● ● ● ● ● ● ● ● ●

　食品企業における商品開発は、大学入学時に理科系科目で受験した人が
担当するのか、文科系科目で受験した人が担当するのか、どちらなのかと
考えている人が少なからずいるのではないかと思います。実際は、いわゆ
る理系と文系の人が力を合わせて商品開発を行っています。

　図2にも示したように、商品開発には企業内の多くの部門が関係してい
ます。飲料の中味開発では、新しい技術開発や基礎研究を必要とする商品
開発は理科系の人が専門知識を活かして活躍しますが、既存技術をベース
にした商品開発は文科系出身者でも可能です。ただし、中味の試作を伴い
ますので、原料を計量したり、容器内で混合したりといったいわゆる調理
のような作業が苦手な人には不向きかもしれません。料理好きな人は、理
系文系問わず中味開発には向いていると言えるかもしれません。

　一方で、市場調査やその結果を受けての商品企画に関わる人は、文科系
の人が多いと思いますが、理科系出身者であっても興味さえあれば、充分
に業務を遂行することは可能です。

　これからの商品開発は、理系出身や文系出身といったことで担当業務を
分けるのではなく、1つの業務をそれぞれの専門知識を活かして協働で知
恵を出し合い、時には自分の専門分野にこだわらずに議論していく中から、
新しい価値をもった商品が生まれてくると思います。

スの概要について示しました。

　飲料の基本的な商品開発プロセスとしては、商品コンセプトに基づい
た中味、パッケージ、デザイン、ネーミングの開発を行い、ラボ・ス
ケール（実験室で行う規模）、そしてパイロット・スケール（ラボ・スケール
と工場スケールの間の規模）で試作品を作製します。試作品ができた後に
は、工場での製造が可能であるかどうかを工場部門と打ち合わせを行い
ます。工場は本格製造開始までに、試作品どおりの商品を安定的に製造

できるようにするために新商品の製造体制や品質保証体制を確立し、製造、出荷に備えます。

　一方で、新しい価値の創出を狙った新商品を開発するためには、新しい中味やパッケージを開発するための基盤研究が先行して必要となります。例えば新規の素材を使用した新商品では、その素材の適切な調達先の選定、品質を保証するために新しい分析法の開発などが必要となります。大幅なコストダウンを実現したい商品開発では、原料の開発や新しい製造設備の導入、製造方法の開発が必要になります。

　商品開発を成功に導くためにまずは、基本的な開発プロセスを直接担当する中味開発、包材開発、デザイン設計、マーケティング、原料調達、知的財産などの各部門は独立して動くのではなく開発の初期段階から連携することが重要になります。そして世の中にない新しい商品を開発する場合には、商品開発を直接担当する部門以外の生産技術開発、基盤研究、品質保証技術の開発、工場などの各部門ともしっかりと連携して開発を始めることがキーポイントになります。単なる情報の共有化といった連携ではなく、それら関連する各部門のメンバーが新価値を創造するといった共通のゴールを目指して密に連携することが必要です。そして、役割の異なる部門が連携することによって初めて生まれる新しい価値創造にこだわるといった意識変革が重要になります。

　本書の第1章、第2章では、市場調査に基づいたコンセプト設計について、第3章で飲料を中心とした商品開発プロセスである、中味開発、パッケージ開発、品質保証設計、コスト設計、ネーミング、デザイン設計、ブランディング、コミュニケーション戦略、開発した商品の市場調査による評価について、そして第4章では開発した商品の工場での大量生産について詳細に述べていきます。

第1章

消費者ニーズを把握しよう

ロングセラー商品

●

ニーズ

●

シーズ

●

市場調査

●

定量調査

●

定性調査

●

バイアス

●

グローバル

イントロダクション

　序章では、商品開発が企業にとって非常に重要であることについて記載しました。しかしながら、たんに商品開発を行えばよいというわけではありません。開発した商品が売れて利益をもたらさなければ、開発コストがかさむだけで、結果的に企業の業績を悪化させてしまいます。商品を開発するからには消費者が必要としている、あるいは欲しいと思っている商品、すなわちニーズ（消費者ニーズ）がある商品を開発しなければなりません。

　本章では、新商品の開発を実行に移す前に検討すべき、「消費者ニーズ」について説明します。

もし消費者が全てに満たされており、ニーズが全くない環境下で生活していたならば、何が起きるでしょうか。企業がお金と時間をかけて新しい商品を開発したとしても消費者の興味を引くことができず、売れないでしょう。

　現在の世の中を見渡すと日本をはじめとする先進国ではものが溢れており、多くの消費者はある程度満たされた環境下で生活をしています。そのような状況下では、消費者には新商品に対する期待はあまりないかもしれません。

　ニーズがかなり満たされている状況下では、「消費者は本当に充分に満足しているのか？　満たされていないニーズはないのか？」、「ニーズがあるとするとそれはどのようなニーズで、どれくらい強いものなのか？」といった消費者ニーズの実態を把握し、満たされていないニーズに的確に応える新しい商品を開発する必要があります。

1　商品開発の2つのアプローチ「ニーズ発想とシーズ発想」

　商品開発には大きく二つのアプローチの方法があります（**図1**）。一つには、消費者のニーズ（顕在ニーズ）に重点をおき、そのニーズを満たすための商品を開発するやり方（マーケットイン）で、もう一つはシーズ（自社独自技術、自社独自原料など）に重点をおき、企業がシーズを活かして作りたい商品を開発するやり方（プロダクトアウト）です。

　顕在ニーズ発想のアプローチは、開発途中の商品が消費者ニーズにどの程度合致しているかを確認できるため、商品開発は進めやすくなります。しかしながら、ニーズが明確なだけに競合品の数も自ずと多くなり、市場での競争は激しくなります。

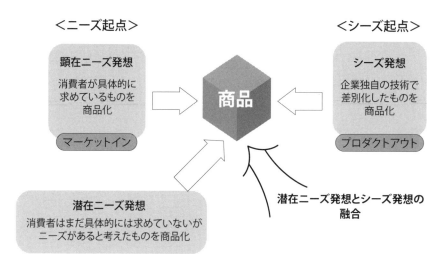

図1　ニーズ発想とシーズ発想による商品開発
出所：筆者作成。

　一方で、シーズ発想のアプローチでは、開発した商品が消費者のニーズを必ずしも満たすとは限りません。企業側の論理に偏って開発されたシーズありきの商品となりがちであり、消費者からの支持が得られずに商品開発が失敗に終わるリスクが高くなります。しかしながら、消費者自身は認識していない潜在的に存在しているニーズを掘り起こす画期的な商品になる可能性も秘めています（▷第1章第4節参照）。

　上記2つのアプローチのいずれの方法においても、消費者ニーズが重要であるといった点は同じです。新商品開発を成功させるためには、消費者ニーズを満たす商品を開発し、消費者に新商品ならではの価値を認識してもらい、その新商品を必要である、あるいは欲しいと思ってもらう必要があります。そして、コモディティ化することのない商品力の高い商品を開発するためには、潜在ニーズ発想とシーズ発想を融合させ、消費者の潜在ニーズと企業シーズをいかにして一致させることができるかがポ

イントとなります。

　消費者ニーズを知るために、商品開発に関わる人は消費者のことを深く知る必要があります。消費者のことを「深く知っている」と言えるようになるためには、消費者がおかれている市場環境や消費者自身について、消費者自身が気付いていないことも含めて色々な角度から丹念に深く調査していくことが必要になります。消費者の心の奥底を知ることは非常に困難なことではありますが、商品開発における大きな肝であり、商品開発の成否に大きく影響を及ぼします。この段階で消費者ニーズを読み間違わないように注意しなければなりません。

2 売れ筋を知る「市場調査」

　商品に対する消費者の印象（例：満足している／満足していない）を反映していると考えられる商品市況に関する情報を収集するために、さまざまな調査が行われています。このような市場調査は、多種多様な商品で溢れている現代の市場において、消費者のニーズを探り、ニーズに合った商品開発を推進する上で欠かせないものです。今後、将来にわたってどのような商品を開発していくべきかといった商品開発の方向性、戦略を決めていく上でも市場調査は重要な位置付けになっています。

　以下に、事例を交えて説明します。飲料の商品開発を進める過程では、まずは飲料市場全体、飲料カテゴリーごと、自他社の商品ごと、開発ターゲットとする飲料などの過去からの売上げ状況の推移に関する調査を行い、飲料市場の実態を見える化していきます。これらの調査結果を解析することで、将来の飲料市場の動きを予測し、開発するターゲットとなる飲料を絞り込んでいきます。例えば、酒類の商品についての市場調査

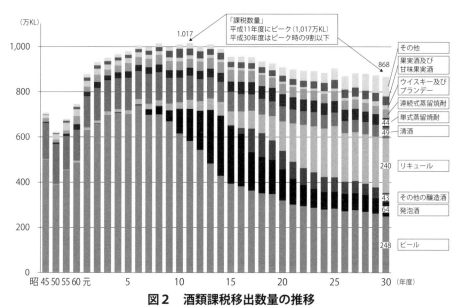

図2　酒類課税移出数量の推移

課税移出数量は、国内出荷数量に相当する。
出所：「国税庁 酒のしおり令和 2 年 3 月」より転載。

を踏まえて、自社で開発すべき酒類カテゴリー（例えば、缶酎ハイ）を決め、開発ターゲットとする具体的な商品の候補（酎ハイ レモン味、酎ハイ グレープフルーツ味など）を決めていきます。候補の中から最初に開発する飲料を決めていくために、開発候補の各酒類個別の売上げ動向、競合する他社の同種飲料の市場占有率、その飲料の主飲層（年齢、性別など）などに関する調査を行います。

　具体的な調査事例として、**図2**に示した酒類の各カテゴリーの国内出荷数量の推移を見てみます。ビールの売上げがここ 20 年の間に大きく落ち込んできているのに対して、リキュール〔「ビール」より安価で人気の「第3のビール」（第2章図1参照）が含まれる。〕が増加してきていることがわかります。このような酒類市場の大きな変化を踏まえて、今後はどのような商品を開発していくべきかといった商品開発戦略を検討していき

ます。

　市場調査では開発ターゲットの過去からの国内商品市場の動向の把握
にとどまらず、関連する商品も含めた世界市場の動向や社会環境の変化
などに関する調査も行い、そこから想定される未来の市場を見据えて、
将来の商品開発の方向性を検討します。

　これらの市場調査から得られた情報と本章の第3節以降に記載する消
費者のニーズに関する調査から得られた情報を踏まえて、最終的に開発
する商品を決めていきます。

3 消費者が自覚している「顕在ニーズ」

　顕在ニーズとは、消費者自身が「これが欲しい」と商品やサービスの
必要性をはっきりと自覚しているニーズをいいます。顕在ニーズが明確
な場合には、そのニーズを満たす商品を開発すれば消費者による購入に
つながり、売上アップが期待できます。例えば、「微炭酸の飲料が飲み
たい」という表面化したニーズがある消費者に対して、通常の炭酸飲料
より炭酸の含有量を下げた飲料商品を発売すれば、ニーズに応えた商品
として購入して頂けるというわけです。

（1）顕在ニーズによる商品開発

　顕在ニーズはある程度の規模数の調査が必要ですが、比較的把握しや
すいニーズです。序章図2で示したような商品カテゴリー別の出荷数量
の推移や消費者アンケート調査といった定量的な市場調査により、何が
売れているのか、消費者は何を欲しいと思っているのかといった情報を

取得することにより、消費者のニーズを直接的に把握することができるためです。

　しかしながら、顕在ニーズに応えた商品を開発したとしても既に同様の商品が市場に溢れていることが多く、顕在ニーズを起点とした商品の開発は、消費者の需要の取り合い、すなわち競合各社間での市場の占有率の取り合いになりがちであり、結果的に価格競争に陥りやすい側面があります。また、市場にはまだそのニーズに応えた商品が出ていない新しい顕在ニーズを発見し、そのニーズに応えた商品を開発したとしても、示し合わせたように発売時期を同じくして競合他社からも同様の新商品が発売されることは市場ではめずらしくありません。顕在ニーズに応えた商品の開発は、企業間の競争が激しく、売上げ増、特に利益増に結びつきにくいのが現在のマーケットといえます。

（2）未充足ニーズ

　顕在ニーズがあるにもかかわらず市場にはそのニーズに応える商品がない場合、そのニーズを「未充足ニーズ」と言います。この未充足ニーズを満たす商品を開発すればヒットするに違いありませんが、技術的に開発することが困難であることが多いのが実情です。例えば、毎日飲用すれば絶対に認知症にならないおいしい機能性飲料が開発されれば高齢化社会では爆発的に売れると思いますが、現状ではそのような商品を開発することは技術的に難しくできていません。

　未充足ニーズは競合各社も注目していると考えられますが、技術的なハードルが高くてなかなかそれを越えられないのに対して、次に述べる潜在ニーズは技術的ハードルが必ずしも高いとは限りません。潜在ニーズは

競合他社は気づいていない可能性が高く、企業間の競争も激しくないことから、未発足ニーズよりも潜在ニーズを満たす商品開発を企画する方が結果的には目標とする売上げ、利益を早く達成することが期待できます。

4 消費者のうちに隠れた「潜在ニーズ」

消費者からの具体的な欲求は、企業側からみると「顕在ニーズの実現手段」であるともいえます。たとえば、上述したような顕在ニーズ、例えば「ミネラルウォーターが飲みたい」「果汁入り炭酸飲料が飲みたい」といった消費者のニーズがある場合には、そのニーズに合った商品を発売できればそのニーズが満たされます。これらの消費者が自ら発信する欲求に対しては、その欲求を解消するための具体的な商品をイメージすることは極めて容易です。

ここでは、顕在化していないものの、潜在的には消費者に存在する潜在ニーズについて説明します。

（1）潜在ニーズとは

潜在ニーズとは、顕在ニーズの裏に隠れた消費者自身も普段は自覚していないニーズです。言い換えると、潜在ニーズは、自分自身の隠れた課題とも言えます。隠れたニーズに応えた商品（課題を解決してくれる商品）は、消費者に始めは何となく買いたくなるような気持ちの変化をもたらす商品であり、次第に「この商品は凄い！このような商品を待っていた！」と「新鮮」、「驚き」、「感動」をもって受け入れられ、大ヒットする可能性のある商品です。

①　潜在ニーズを充足させた商品

「ウォークマン[1]」は、音楽は家や車といった決められた空間の中で聞くのが当たり前の時代に、「歩きながらや外出先など、いつでもどこでも、自分 1 人で手軽に音楽を楽しみたい」という潜在ニーズを発掘し、商品化したものです。「外でも自由に音楽を楽しみたい」という明確なニーズが多くあった上で開発されたわけではありません。このニーズは、「外でも音楽が聴けたら嬉しいと思いますか？」と敢えて質問した時に、「そういったことができるのであれば、嬉しいけど……無理ですよね」、「外で 1 人で音楽を聴いたことがないので、特に嬉しいとは思わないかな」と答えるようなニーズであり、潜在ニーズと考えることができます。

ここでの商品開発上の重要なポイントは、「歩きながらや外出先で好きな音楽を 1 人で聴くことはしない」ことが当たり前の時代に、「歩きながら、そして外出先でも自由に音楽を聴ける商品を開発すれば、多くの人に喜ばれるはずだ」といった新しい潜在ニーズを思いつくことができるかどうかです。

人生 100 年時代に向けて消費者の健康意識が年々高まっています。そのような環境の中、「特定保健用食品（トクホ）」や「機能性表示食品」（▷ 第 3 章第 3 節参照）などに分類される機能性のある飲料へのニーズが高まっています。それら機能性のある飲料は、病気を治すためのものではなく、消費者自身は日頃意識していない疾病に対する予防的役割を担うものであり、基本的には「顕在ニーズ」ではなく、「潜在ニーズ」を充足する商品になります。生活習慣病の予防のための抗メタボリックシン

1　ソニーが 1979 年 7 月 1 日から販売しているポータブルオーディオプレイヤーシリーズ（Wikipedia より）。

ドローム系の機能性飲料は、現在では顕在ニーズを充足するものになっていますが、発売された当初は潜在ニーズを充足するための商品として開発されたと考えることができます。今後、さまざまなタイプの機能性飲料が発売されると考えます。

近年、本来は色が付いているはずのコーヒー、紅茶、コーラやビールなどの飲み物が、無色になった「透明な飲料」が次々と登場し話題となっています。透明でありながら、それぞれの飲料の本来の味わいを楽しめることは誰も想像もしていなかった驚きのある商品であり、多くの消費者の興味を引くことになったと思います。

この透明な飲料は、視点を変えると、消費者には飲料由来の成分で歯が着色しない方がいいといった潜在ニーズ（課題）があり、その課題解決を狙った商品ともとらえることができます。

もっとも、そのような潜在ニーズへ応えるために開発された商品ではなく、色付きが当たり前である飲料の色を透明化した上で色付きのものと変わらない味や香りを実現することへの新鮮、驚きを狙って商品化されたと考えることもできます。

潜在ニーズとしては大きくなく、新鮮、驚きを狙って商品化された商品は、発売時には話題にのぼり、ある程度の売上げを期待できますが、その売上げを維持することは難しくなります。潜在ニーズがある商品を開発することが重要になります。

②　消費者が潜在ニーズに気づかない理由

潜在ニーズとはいえ、人はそのニーズになぜ気づかないのでしょうか？　上述のウォークマンのように、潜在ニーズに応える具体的な商品があればニーズに気づくと思いますが、実際にはその商品が市場にはな

く、気づくきっかけがないからです。では、その気づくきっかけがないと、潜在ニーズが消費者自身の中で顕在ニーズにならないのはなぜでしょうか？それは、人には「思い込み（バイアス）」の習性があるからです。消費者には、「どうせ解決できない」、「現状でも特に問題はない」、「こういうものだ」という「思い込み（バイアス）」があります。例えばウォークマンの事例では、人は「音楽は室内で聞くものだ」といった思い込みの中で生活しているため、ウォークマンが充足した潜在ニーズに気づかないわけです。潜在ニーズは日常の生活の中では意識されることのない気づきにくいニーズとなっています。

③ 潜在ニーズの探索

顕在ニーズは一般的な市場調査や消費者調査を行うことで比較的容易に明確化することができますが、潜在ニーズを把握することは難しいものがあります。重要なことは消費者のことをとことん知りつくし、消費者の深層にはあるが表出していない課題を見つけることです。

潜在ニーズを探る上で有効な手法の一つとして、消費者の深層心理を探りだす定性的な調査手法である行動観察（▷第1章第5節参照）があります。消費者個人の生活シーンの中での行動を観察し、当たり前の日常生活の中でその人は本当は何を満たしたいと思っているのか、表出した言動の背景にはどんな感情があるのかなどについて意識を巡らせて観察し、潜在ニーズを探ります。この調査プロセスは難しくもありますが、潜在ニーズを満たす商品開発を進める上で重要なプロセスの一つです。

顕在ニーズの根底に、潜在ニーズが横たわっていることもあります。

特定保健用食品の飲料で最も売れている商品は、抗肥満系、抗メタボ系に関する商品であり、肥満、即病気ではありませんが、抗肥満は現在

では顕在ニーズと考えることができます。

　抗肥満が顕在ニーズになっている理由は二つあると考えます。その一つは、肥満は生活習慣病の引き金になる可能性があることが消費者に広く知られているためです。もう一つの理由は、肥満体形は一般的にはマイナスイメージと捉えられているためです。消費者には「生活習慣病になりたくない」、「これ以上太りたくない、痩せたい」といった顕在ニーズがあります。実際に生活習慣病予防や痩身効果を謳った健康食品が数多く販売されています。

　これら二つの顕在ニーズの深層には「歳を取っても美しく（カッコよく）、健康で長生きしたい」、「不老不死になりたい」といったニーズ（課題）があると考えられます。しかしながら、消費者はこの課題を容易に解決することはできないことを知っているために、日常的にはこのニーズを自覚することなく生活しています。したがって抗肥満の根底にあるこのニーズは、潜在ニーズにあたると考えることができます。健康に対する意識レベルが高い消費者は、最新の健康関連情報から刺激を受けることによりこの潜在ニーズが顕在化し、トクホ飲料だけに頼るだけではなく、顕在化したニーズを自ら満たしていくために、糖質制限や有酸素運動などに精力的に取り組んでいます。食品会社としては、糖質制限できる食品を開発することによりそのニーズに応えることができます。

　抗肥満という顕在ニーズだけに着目すると解決策は限定されますが、その深層にある潜在ニーズに着目するとさまざまな新しいアイデアが出てくることが期待でき、新しい価値をもった商品の開発につながります。「ややぽっちゃりな人はかっこよくて、長寿である」といった時代が来た場合には、抗肥満への顕在ニーズは消失するかもしれません。

（2）潜在ニーズの顕在ニーズ化

　仮に潜在ニーズを探りだし、そのニーズに応えた商品を開発したとしても、消費者がその商品に巡り合った時に、自分の内側から自然に潜在ニーズが顕在化し、商品を選び、購入してくれるとは限りません。消費者はその商品を見ても大した商品ではないと決めつけ、興味を示さないことも多いからです。消費者自身にある隠れたニーズを顕在ニーズに移行させ、買いたいといった欲求を掻き立てることが必要になります。

①　潜在ニーズから購買行動に移行するプロセス

　消費者にある潜在ニーズを顕在ニーズに移行させるためには、潜在ニーズが存在すること、そしてそのニーズを満たす商品の価値の素晴らしさを外部からの働きかけにより消費者に気づかせることが必要です。消費者への商品コンセプトを訴求、周知するための企業のマーケティング活動（テレビ広告、ネット広告、口コミマーケティングなど）は、外部からの働きかけの一つになります。消費者は知らず知らずのうちに企業からのさまざまな形での働きかけを受けることで、「ニーズが無意識下にある状態（潜在ニーズ）」→「潜在ニーズに気づいた状態」→「課題解決の必要性（ニーズ）と解決するメリット（価値）を明確に認識した状態（顕在ニーズ化）」→「ニーズを解消してくれる特定の商品への購買欲求が生まれた状態」→「購買行動」といった流れに誘導されます。

②　潜在ニーズを顕在ニーズ化する重要性

　消費者ニーズが明確な商品とは異なり、潜在ニーズを満たすことを想定して開発した商品の場合には、消費者が自らの潜在ニーズに気づくよ

うな企業からの的確な働きかけが重要となり、ヒットするかしないかを左右することにつながります。消費者への的確な情報提供を伴ったマーケティング活動を行うことで、潜在ニーズが想定していた以上に非常に強い顕在ニーズとなり、大ヒット商品に発展することもあります。潜在ニーズを満たすべく開発した新商品を発売しても一向に売れない場合には、潜在ニーズの読み違いが考えられますが、的確なマーケティング活動が展開できなかったことが要因である可能性もあり、その見極めが重要となります。

ウォークマンの事例では、「屋外で、歩きながら、音楽を楽しむ」シーンをマスメディアにより消費者に徹底的に周知させることによって、そのようなシーンに憧れる新しい生活スタイルを消費者に印象付けることで潜在ニーズを掘り起こし、結果的にウォークマンは日本だけではなく世界的なヒット商品となりました。

潜在ニーズ探索から始まり、そのニーズに応えた商品化、そしてその顕在ニーズ化の一連のプロセスを競合他社に先駆けて行うことにより、革新的な商品を開発することが期待できます。そのような潜在ニーズに応えた商品を開発していくことは、新しい市場の形成、そして顧客の創造につながる可能性も高まり、事業の成長に大きな影響力を及ぼすことになります。

5 ニーズを把握する「調査手法」

消費者ニーズを把握するためには、市場を知り、そして消費者を知ることが必要であり、そのためにいろいろな調査が行われています。ここでは代表的な調査方法とその活用例を示します。

（1）定量調査

　定量調査とは、収集した数値化データ（定量）を集計し、必要に応じて統計学的な解析も含めて分析を行う調査で、世間一般で広く使われている市場調査の方法の一つです。この調査方法は主に、商品に関連する市況や市場の消費者に関する情報収集、市場にある商品や開発した商品の消費者評価などに使用します。

　得られた情報は、商品開発戦略の立案や開発した新商品の評価及び売上げや市場占有率の目標設定などに利用します。以下に、市場の商品や消費者の特徴などを把握するための定量調査の例を示します。

　　◇　市場の商品を知る
- ターゲットとしている商品及びその周辺のさまざまな商品の過去からの市況変化に関する調査
- 各商品に対する消費者の認知度やイメージに関する調査
- 各社商品の実売価格に関する調査
　　◇　自社商品を知る
- 競合他社の商品に対する自社商品の強みや弱みを解析するための調査
- 自社の商品群のポートフォリオ（商品構成を表し、商品に関するいろいろな評価軸を用いて商品管理するために用いるもの）上の課題を明確化するための調査
　　◇　消費者を知る
- 消費者の価値観に関する調査
- 消費者の生活スタイルに関する調査
- 消費者のニーズを深掘りする調査

表 1　定量調査の代表的な手法

会場集合調査（CLT：Central Location Test）	対象者たちに調査会場に集まってもらい、アンケートに答えてもらう調査。
ホームユーステスト（HUT：Home Use Test）	商品などを対象者の自宅に送付し、自宅で日常通りに試してもらい、アンケートに答えてもらう調査。
街頭調査	調査員が街頭で通行している対象者に依頼し、アンケートに答えてもらう調査。
ネットリサーチ	インターネット上で対象者に質問に答えてもらう調査。

出所：筆者作成。

　定量調査の実施方法としては、現在の顧客や今後獲得したい顧客に対して、対面・郵送・インターネットなどを用いて知りたいことについての設問とその回答の選択肢などをあらかじめ用意したアンケートによる調査を行い、データを収集します。回収したデータを集計して数値化し、分析・解析を行います。このアンケート調査の設問内容の設計は重要であり、その設計の良し悪しが定量調査から得られる結果の価値が大きく変わります。また、被験者数を多くすることで、データの信頼性を向上することができます。

　定量調査の代表的な調査手法としては、会場集合調査（CLT）、ホームユーステスト（HUT）、街頭調査などの手法があります（**表1**）。

　最近では、簡単＆ローコスト＆スピーディに調査ができるネットリサーチにより、多くのさまざまな情報を得ることができます。ただし、ネットリサーチでは、調査対象者が特定できないことによる虚偽回答が散見されることや、ネット使用者に限定されることによる回答者の偏りが生じることなどから、調査結果の信憑性に関しては注意を払う必要があります。

　調査対象数が多い定量調査により得られたデータは客観性が増し、プレゼンテーションなどにおいて説得力が上がることから、世の中では多くの調査が日々行われています。

　市場における商品の売上げ状況などの商品や消費者に関する調査は企業独自で行う場合もありますが、先に示した第 1 章の図 2 のように国、自治体や業界団体などが実施、公表している調査結果も利用することが可能です。また、調査専門会社の調査データを購入することも可能です。自社独自で行った調査データだけに頼るのではなく、それらのデータも活用することにより、スピード感をもって商品開発を行うことが重要です。一方で、商品開発を進める上で必要な調査（コンセプト調査やネーミング調査など。第 3 章 7 節参照）は企業独自で行わなければなりません。

　以下に、飲料の商品開発に関連した具体的な定量調査の事例を示しました。

① 　店舗売上調査やアンケート調査による既存市場への新規参入に向けた調査

　参入しようと検討している商品に対して、競合する商品の数、それらの商品の売り場（飲料であれば、スーパーマーケットや量販店、コンビニエンスストア、自動販売機など）での取り扱い状況や、売上げ状況、市場占有率、購入層（性別、年齢、所在地、職業、年収など）などの基本情報を入手します。

　例えば、緑茶参入に向けた市場調査として、「水、お茶、コーヒー、果汁飲料、炭酸飲料、スポーツドリンクなどの各カテゴリーの飲料の販売数量とそれら各飲料の比率の推移、それら各飲料の主飲層、飲用シーンや飲用時間帯などの特徴把握」、「500㎖ペットボトルの緑茶、ウーロン茶、麦茶の各販売数量とそれら各お茶の比率の推移」、「緑茶市場

での各社ブランドの販売数量とそれら各商品の比率の推移」などの調査により、飲料市場全体におけるお茶の市場規模、お茶の中で緑茶が占める市場規模、競合する他社の緑茶商品の現状に関する情報を入手、解析し、緑茶市場への参入に向けた検討を行います。

　以上の調査は新商品開発に着手する時点での調査ですが、開発した新商品を上市した後にも発売地域ごと、売り場ごとの販売状況や実際の新商品の購入者層を解析する調査なども行います。

②　会場集合調査（CLT）によるブランド力調査

　調査対象のブランドの飲料を主飲している消費者に調査会場に来場して頂き、各種ブランドの飲料に対して抱いているイメージ（買いたい／買いたくない、おいしそう／不味そう、など）についてをアンケート調査を行います。その後に主飲しているブランドの飲料を含む、各種ブランドの飲料を飲んで嗜好性などを評価してもらい、主飲しているブランドの飲料とその他の各種ブランドの飲料の評価結果を比較、解析します。その評価時にブランド名を明記した場合と明記しない場合の両方で飲用してもらうことにより、ブランド名がありとなしの場合で同じ中味の嗜好性(好き／嫌い、甘味・苦み等の評価等）などに違いが認められるかどうかを調査します。両者間での嗜好性の違いの大きさは、ブランドが嗜好性へ及ぼす影響の違いを表しており、ブランド力の評価として使用することができます。ちなみに自分自身が好きなブランドの飲料の評価は、ブランド名が分かって飲用した時の方が、分からずに飲用した時よりおいしく感じる傾向があります。なお、集合調査で試飲による評価を行う場合には、順序効果[2]を

2　調査対象者に試飲サンプルを提示する順序の相違が、回答結果に影響を及ぼすという効果。ビールは1杯目が特においしく感じたり、1杯目の口腔内の残り香が2杯目の評価に影響を及ぼすといったことがよく知られている。

なくすために、飲用順序のローテーションを忘れないように設計する必要があります。

③　ホームユーステスト（HUT）による自他社商品の中味調査

　自社の商品（例えば、ビール）を毎日飲用している消費者と他社の商品を毎日飲用している消費者の自宅に自社の商品を送付し、日常生活においていつも飲用している場面で実際に飲用してもらいます。飲用後にアンケートに答えてもらい、両消費者間での自社商品の中味に対する評価を比較、解析し、他社商品を飲用している消費者が自社商品ではなく他社商品を飲用している要因を中味の観点から明確化します。得られた結果は、今後の自社商品の中味改善や新商品開発につなげることができます。なお、ご自宅への送付の際に銘柄がわからないようにパッケージ部分を覆うなどの工夫により、商品名が飲用時にはわからないようにした条件で調査することも可能です。その場合の評価は、ブランドの影響を排除した中味に対する嗜好性の違いだけを反映したものになります。

④　ネットリサーチによるアルコール飲料に関する意識調査

　アルコール飲料は人の生活に潤いを与える一方で、飲み過ぎると身体へ悪影響をもたらします。近年の健康意識の高まりにより、アルコール飲料に対する消費者の認識も変化しています。そのような状況の中、アルコール飲料に対する価値感や問題意識に関する調査が重要になります。年齢、性別、独身／既婚、在住地域、学歴、年収などの特性の異なる多くの消費者に対してインターネット上でアンケート調査を行い、アルコール飲料に対する認識と人の各種特性との関係性を明らか

にします。得られた結果は、アルコール飲料やビールテイスト飲料の商品戦略やそれら市場の将来展望を考える上で活用します。

(2) 定性調査

　定性調査は、定量調査の結果からではわからない定量調査の答えの奥にある本音や深層心理、消費者自身も気づいていない潜在的な意識やニーズを消費層の生の声や行動から探るために用いられる調査手法です。本調査は主に、商品開発戦略を立案していく上での仮説設定や定量調査の質問内容の設計、現行商品の真の課題抽出、消費行動の要因の明確化などに使用しす。

　具体的な手法としては、グループインタビュー、デプスインタビュー、行動観察、エスノグラフィ、日記調査などの手法が用いられています（**表2**）。

　これらの手法では、例えば、「○と×のどちらが好きか」という簡単な設問ではなく、「○のどういうところが好きなのか」、「なぜそういうところが好きなのか」など、定量調査のアンケートでは知ることが難しいターゲット層の嗜好性や考え方など深い部分まで踏み込んだ調査が可能です。また調査開始前には想定できていなかった質問を消費者と会話しながら随時することができるなどの点でも有効な調査手法です。

　一方で、これら定性調査のデメリットとして、一般的にはサンプル数が少なくなるために統計的には信頼性が得られないこと、インタビュー内容や観察したことを報告書にする際に手間がかかること、インタビュアーの能力によって結果が大きく左右されることなどが挙げられます。

　以下に、定性調査で比較的よく使用されるグループインタビューとデプ

表2　定性調査の代表的な手法

グループインタビュー	ターゲットとして選出した5人前後の消費者による座談会形式で、モデレーター（司会者）から提供された話題について自由に意見交換してもらい、その場での消費者の会話から探りたいことを聞き出す方法。
デプスインタビュー	ターゲットとする消費者層の1人に対して、インタビュアーが1対1の面談形式で特定の話題に関する質問をしていき、本音やその消費者自身も気づいていない心の奥底の潜在意識までも引き出す方法。
行動観察	消費者が日常生活の中で対象商品をどのように利用し、行動しているかを調査員が実際の消費者の生活環境に身を置いて観察し、ヒアリングすることにより消費者の行動の裏にある心理を把握する方法。
エスノグラフィ	消費者の生活に入り込み、その生活圏内の内側から消費者の深層心理を理解する方法であり、行動観察より長期間に渡って行う調査方法。
日記調査	モニターとなる消費者が一定期間（1週間〜数ヶ月）、日常の生活記録とターゲットとする商品使用時のタイミング、感想等を日記形式で記録して回答する調査手法。実際の状況が良くわかるように、必要に応じて関連写真のアップ等も依頼する。

出所：筆者作成。

スインタビューの実施方法について、飲料での事例を用いて示しました。

①　グループインタビュー

　　調査の目的に応じて特定の属性（年齢・性別・好きな飲料ブランドなど）が共通する消費者5名前後を集めて1グループとし、そのグループを複数個つくります。消費者の本音や深層心理を聞き出すことが目的ですので、モデレーター（司会者）は決して意見を誘導したり、参加者の中で声の大きい人に他の人が引っ張られないように注意を払う必要があります。プロのモデレーターの力を借りることもあります。典型的なグループインタビュー時の状況を**図3**に示しました。モデレーターと消費者、そして消費者同志の会話内容やその時の様子を商品開発担当

者がマジックミラー越しに注意深く観察し、記録します。

　消費者の発言からわかる表立った事柄だけではなく、その発言内容から何を汲み取ることができるかが重要です。その消費者の発言から汲み取ったことが消費者の本音であるかどうかを確認するために、当初予定していなかった関連する追加の質問を適宜行うことも可能です。グループインタビューで得られ

図3　グループインタビューの様子
出所：筆者作成。

た定性情報から、商品開発を進める上でポイントとなると考えられる部分を抽出してテキスト化し、解析します。そのテキストを深く読み込むことにより消費者の深層にある購買心理を洞察し、コンセプト開発などに活かしていきます。

　グループインタビュー調査の事例として、いつも同じブランドの飲料を飲用している消費者の深層心理に関する調査について説明します。同一ブランドの飲料のみを好んで飲用している消費者に対して、いつも飲用している飲料の香味（香り、味わい）に対する感想、いつも同じブランドの飲料を飲用している理由、他のブランドの飲料の過去からの飲用経験、新商品に対する興味などについて、「なぜ」を繰り返して質問していきます。そのようにして質問を重ねることにより、消費者自身もこれまで意識したことのない事柄に関しても聞き出していくことが可能になります。このような調査を行うことで、同じブランドの飲

料を飲用し続けている消費者に共通している心理とは何なのかを探り当て、多くの消費者の定番飲料となる商品の開発に活かしていきます。

② デプスインタビュー

デプスインタビュー(インタビュアーと対象者が1対1で行うインタビュー)ではグループインタビューで立てた仮説をさらに深堀するために、グループインタビューした消費者の中からデプスインタビューする人を選出し、単独でインタビューを行います。質問に対する消費者の返答や発言だけではなく、何か答えなければならないと無理して答えをつくって返答していることはないかなど、顔の表情や返答までの時間などをしっかりと観察しながらさらに深層に迫る質問をしていくことで、グループインタビューで立てた仮説を検証していきます。

グループインタビューでは他者の発言に左右される可能性があるといったバイアスを考慮する必要がありますが、デプスインタビュー調査は、1対1なのでそのバイアスを避けることができるといったメリットがあります。

立てた仮説をさらに検証するためにはさらに別の特性のグループにインタビューし、そしてデプスインタビューを行うといったサイクルを繰り返すことにより、消費者の心の奥にある本音や深層心理に迫っていくことができます。

(3) その他の調査方法

以上のような調査方法以外にも、日常生活の中で一定期間実際の商品を使用してもらうモニター制度や最近ではツイッター分析（ツイート、フォ

ロワーなどの解析）などの方法を活用し、ターゲットとしている商品そのものに対する接し方や感想だけではなく、実生活の中で特に気に入られている商品の特徴やその商品を気に入っている消費者の特徴などを解析し、次の商品開発にヒントとなる生活情報を収集する方法も使われてきています。これらの方法は、商品開発プロセスで必要な新たな視点や発想を生み出していく上で有効に活用できると考えます。

（4）日頃から寄せられるお客様からの直接の声

　消費者や商品に関する情報源として、企業側からマーケットや消費者へアプローチする市場調査を通して獲得する情報に加えて、消費者から企業の「お客様相談センター」に電話などを介して直接寄せられるさまざまな情報（意見・要望・苦情・感謝など）や問い合わせ（製造法、原料、添加物、機能性など）があります。これらの情報には、「使用している原料は国産か？」、「ペットボトルのキャップが開けにくい」、「沈殿物が入っていたが大丈夫か」、「表示内容が誤解を招き不適切だ」といった安全性や商品の品質に関わるものなどさまざまな情報が含まれています。

　お客様自ら直接発せられるこれらの情報の中には、お客様の商品に関する関心事、商品の開発者が想定していなかった意見や感想などもあり、商品の改善や次の新商品開発に活かせるヒントが隠れています。したがって、B to C のメーカー企業では、商品に関するお客様から直接発せられる声をデータベース化し、商品開発に活かしていくことが可能です。

　消費者には「自分から進んで商品等に関する意見や苦情を言わないが、

Column ❷　「おいしさ」に関する教育の重要性

●●●●●●●●●●●●●●●●●●●●●●●●●●●●●●●●●

　嗜好品である飲料を製造・販売している企業では、商品開発に関わる部門に入社してくる新人に対して「おいしさ」についての教育することが重要です。新人も一般消費者として、「飲料 A はおいしいが、飲料 B はおいしくない」とおいしさについて評価することはできますが、「自分自身はなぜ飲料 A はおいしく感じ、飲料 B はおいしく感じなかったのか」、「おいしくなかった飲料 B の方が飲料 A よりなぜ多く売れているのか」といったことに対しての理由について答えをもっているわけではありません。

　入社して商品開発に関わる部門に配属された方々は、一見馴染みのある「おいしい」といった言葉を何となく理解して使用するのではなく、科学的に意味するところをしっかりと理解した上で使用しなければなりません。飲食した時に人が「おいしさ」を感じるメカニズムについて学び、多くの消費者に「おいしい！」と言ってもらえるような商品を開発するための勉強を行い、OJT にて経験を積んでいくことが必須になります。

行動（商品を買う・買わない）で示す人」から「自ら商品に対して積極的に意見や質問を発する人」までいろいろな消費者が存在することを意識し、そういったさまざまなタイプの消費者の意見を収集、解析し、次の商品開発に活かすことが重要です。

　本節では消費者ニーズを把握するためのいろいろな手法を説明しました。**図4**に探索するニーズとそれに適した市場調査方法の関係を示しています。ニーズを知るためには、各種の調査方法を目的に応じて駆使することが必要です。

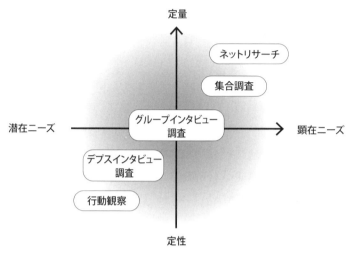

図4　調査方法のポジショニング
出所：筆者作成。

6 顕在・潜在ニーズと関連する「グローバルな商品開発」

　顕在ニーズと潜在ニーズと両ニーズの観点でグローバル市場にある商品を見渡してみます。

　欧米で流行しているものが日本に輸入され、日本でも同様にロングセラー商品となっている商品が過去から数多く見受けられます。その代表的な商品としては、1886年にアメリカで誕生し、1914年に日本に初上陸したコカ・コーラが挙げられます。近年では、日本国内でペットボトル入り天然水に続き、ペットボトル入りの炭酸水がコンビニエンスストアなどでも売られ、日常的に飲まれるようになってきていますが、欧米ではペットボトル入り炭酸水はかなり前から生活の中に溶け込んでいました。

　コーラのような炭酸飲料や炭酸水を飲用した時に感じるおいしさ（炭酸刺激による心地良い冷涼感）は、人類共通であると考えられます。したがって、炭酸入りの飲料に対するニーズが欧米では既に顕在ニーズになっていた時代に、日本ではそれら炭酸入りの飲料はまだ潜在ニーズの状態であったと考えられ、炭酸入り飲料のマーケティング活動により現在では日本でも顕在ニーズに移行したと考えられます。

　一方で、日本国内で一定規模の市場を占有している日本発の商品が世界市場でも受け入れられるかどうかについては、その商品の価値が人類共通のものであるかどうかにかかっています。人に本質的な満足感をもたらし、日本国内で大きなマーケットシェアを築いている日本の商品は、世界中の多くの人々の潜在ニーズを満たすことで市場に受け入れられ、世界中でのロングセラー商品となりうると考えます。

　今ほどグローバル化していなかった時代には、炭酸飲料の場合のように国家間で潜在ニーズが顕在化するまでの時間差があったため、企業が海外で広がり始めたヒット商品に関する情報をいち早く入手し、日本国内にもその商品を広めてヒット商品化を狙うことが比較的容易でした。しかしながら、グローバル化が進んだ現在では、海外でヒットしているブランドの商品がいち早く日本にも輸入され、また一般の消費者自身も容易に海外の商品や文化にアクセスできるため、ニーズが顕在化するまでの海外との時間差はなくなりつつあります。以前のように、ただ単に海外で流行しているものを日本に輸入することで商売になる時代ではなくなっています。本質的に人に満足感をもたらす潜在ニーズを自ら探索することがますます重要になっています（→ **Column ❸**）。

Column ❸ グローバル視点の商品開発

● ●

　日本国内の各地域の特産物を利用した商品開発が各地で見受けられます。そのようにして開発された商品は、その地域ならではの希少性のある商品となり、ある一定の売上げは確保できると思います。しかしながら、その商品を日本全国で発売したとしても成功するとは限りません。各地域ごとに消費者の嗜好性が異なるためです。例えば、おうどんのつゆ（出し）は関東と関西でかなり色目や香味が異なることはよく知られていますが、その違いは両地域での嗜好性の違いによるものです。香味に特徴のある商品を日本全国に展開するためには、日本の各地の消費者の嗜好性の特徴を調べることが重要であり、例え同じブランドの商品であってもその嗜好性の違いに対応した中味の調整が必要になる場合もあります。

　海外市場を視野に入れた商品開発を行う場合には、国による文化の違いもあり、飲食物に対する嗜好性はかなり違います。したがって、日本で大ヒットしている商品をそのまま海外展開したとしても容易には海外の消費者に受け入れられません。海外で過去に生まれた(開発されてきた)ビール、ウイスキー、ワインやコーラといった飲料は、日本はもとより多くの国で飲まれるようになっていますが、日本の日本酒や緑茶はどうでしょうか？徐々に海外の一部でも飲まれるようになってきてはいますが、海外にはその存在すら知らない人が多くいるのが実状です。

　現在のようにグローバル化した世の中では、世界中の多くの消費者に受け入れられる商品を開発することが求められる時代になってきています。世界における食のトレンドを先取りすることも大事ですが、世界中の消費者の嗜好性を研究し、世界の食のトレンドを創っていく商品開発を目指していきたいものです。

第2章

アイデア発想から
商品コンセプトを創造しよう

キーワード

アイデア

●

商品コンセプト

●

ターゲティング

●

ベネフィット

●

ポジショニングマップ

イントロダクション

　商品開発を成功させるカギは、商品コンセプトにあります。「吸引力が落ちない」掃除機というコンセプトから商品づくりをスタートさせたのがダイソン、「30分以内にピザを届ける」というコンセプトから宅配のシステムを作ったのがドミノピザであり、明確なコンセプトが成功につながっています。

　このように、商品開発の肝となるコンセプトを創り上げていくためのノウハウについては他書に譲りますが、基本的には開発担当者が頭を使って考え抜くことが重要となります。本書では、商品開発を成功に導くためのアイデア発想からコンセプト立案に向けた基本的な手順を中心に記載します。

商品開発は、第1章で述べた各種市場や消費者に関する調査により見えてくる市場の構造や動向、そして消費者の消費行動やニーズ、さらには世の中の情勢や社会環境などを解析し、どのような商品を開発すべきかといったアイデアの創出から始まります。そしてそのアイデアを商品として具現化していくために、商品開発において非常に重要な役割を果たすのが商品コンセプトになります。

1 商品開発の起点となるアイデアの創出

　アイデア発想の基本的な着眼点を以下に置き、できる限り発想を広げて多くのアイデアを出していくことが必要です。

- ◇ 消費者の顕在ニーズに対して、現在の市場の商品群ではまだ不十分なところ、未充足なところはどこか
- ◇ 消費者の潜在ニーズに関する調査結果の解析から、開発のターゲットとすべき新しいニーズは何か
- ◇ 日本や世界の社会環境の変化から、消費者の意識、そしてニーズは今後どのように変化していくか
- ◇ 商品開発に応用、利用できる新しい技術はないか

　以下に、アイデア創出方法について例を記載しました。

（1）一般的なアイデア創出方法とその評価

　ニーズに応えるためのアイデア出しには、既成の論理や概念にとらわ

表1　代表的なアイデア発想法

ブレーンストーミング	互いに批判せず自由に議論することによって創造的なアイデアや問題解決の方法を生み出すこと。また、そうした会議の進め方。集団思考法。ブレストとも呼ばれ、企業の企画会議などで使われる（出所：『旺文社 国語辞典第11版』）。
アレックス・F・オズボーンのチェックリスト	以下の9項目の視点で、創造的なアイデアを意識的に思い起こさせる方法：転用、応用、変更、拡大、縮小、代用、置換、逆転、結合。
KJ法	文化人類学者である川喜田二郎氏が考案した発想法で、多種多様な情報やアイデア等を論理的に整序し、本質的問題の特定や新たなアイデアの創出などを行う手法。
強制連関法	チャールズ・ホワイティング（米）の考案による、一見関連性のない2つのものを強制的に関連づけながら、アイデアを生み出していく発想法。

出所：筆者作成。

れずに多様な視点や観点で物事を考え、直感的にアイデアを出していくことが有効です。代表的なアイデア発想法として、ブレーンストーミング、アレックス・F・オズボーンのチェックリスト、KJ法、強制連関法などがあり、その他にもいろいろなアイデア発想法が発案されています（**表1**）。

　アイデアが出尽くしたら、アイデアの絞込みを行います。発想したアイデアによる消費者にとってのベネフィット（▷本章第4節参照）は何か、その大きさは充分か、そしてそのアイデアに基づいて開発する商品に、現在の市場における商品ポートフォリオ上に問題はないか（自社既存商品や関連する事業領域における既存商品との競合関係）などを評価します。さらに、技術的な実現性、工場設備等への生産適応性についても評価します。

（2）顕在ニーズを起点としたアイデア創出

　基本的なアイデア発想の切り口として、顕在ニーズのある既存商品を起点とした新商品のアイデア出しの方法があります。以下に具体例として示した、

　◇ 既存商品のスペックの変更（①）

　◇ 既存商品のバリエーション展開（②）

　◇ 既存商品の容器変更（③）

　◇ 既存商品の価格変更（④）

を検討することで新商品のアイデアを出していくことが可能であり、比較的容易にアイデアを創出することができます。

①　「ビールのアルコール度数の大転換」
　　　……スペックを変更する

　ビールは大きな顕在ニーズがある商品であり、アルコール飲料の中でも最も大きなマーケットシェアがあります。アサヒビール株式会社の「スーパードライ」が発売される以前に日本市場で最も飲まれていたビールのアルコール度数は4.5％でした。このようなビール市場のなかで、スーパードライが辛口のビールとしてアルコール度数を5％として発売し、大ヒットしました。日本のビールのアルコール度数の中心スペックは4.5％であるという既成概念にとらわれずにアルコール度数のスペックを変えた新商品を開発し、大成功したことになります。

　ただ単に、アルコール度数のスペックを4.5％から5％に変えただけでスーパードライが大ヒットし、ロングセラー商品となったわけではありませんが、その変更はスーパードライの開発の成功に欠かすことができない大きな要因の一つであったことは間違いないと思います。現

在では、このことを起点に日本のビール類のアルコール度数は５％が主流となっています。

　アルコール度数のスペックを変えたその他の新商品として「７％の高アルコールのビール類」が発売され、さらには、「９％の高アルコールのビール類」とさらにアルコール度数を高めるアイデアも生まれ、実際に上市されています。

②　「フレーバーによる商品展開」
……バリエーションを増やす

　消費者からの顕在ニーズが大きくなってきている缶酎ハイのRTD（Ready To Drink：蓋や栓を開けてすぐにそのまま飲める飲料の意味で、飲料業界では缶酎ハイでよく使用される言葉）は、各種フレーバー展開により市場規模を拡大しています。レモンフレーバーから始まりさまざまな果物系のフレーバーが展開され、現在では紅茶系、乳性飲料系、サイダー系などの果物系以外に、香味の幅を広げることで消費者の心を掴んでいます。

　この種のRTDでは、「商品スペックの変更」という考え方と組み会わせて、アルコール度数を3%の低アルコールに設定した上で各種のフレーバーを展開した商品を発売し、酔いすぎることなくほろ酔い気分を味わえる飲料として消費者の支持を受けているものもあります。

③　「いつでもどこでも飲めるペットボトルのお茶へ」
……容器を変える

　日本人のお茶に対する顕在ニーズには昔から強いものがあり、ペットボトルのお茶が発売される以前にはお茶を急須でいれて飲むのが日

常的でした。そのお茶に対する顕在ニーズに対して、急須でいれたお茶とは異なった形で応えたのがペットボトルのお茶です。今では「バリエーションを増やす」という考え方により、お茶の主要なペットボトル製品である「緑茶」に加えて、「麦茶」、「ウーロン茶」、緑茶や玄米茶などの複数の茶葉をブレンドした「ブレンド茶」などのさまざまな茶葉による茶飲料のバリエーションが展開されてきました。中には、カフェインを含有していない茶葉のみで製造している「カフェインゼロ」を謳ったお茶も商品化されています。

　また、従来は冷蔵、常温で販売されていた商品を「ホット」でも販売するために、それに対応した中味レシピや容器を開発し、同一ブランドのホット商品として発売されています。

④　「低価格化」
　　……価格を変える

　多くの消費者に人気があり日常的に飲用されている飲料（例えばビール）は、販売価格が比較的安定しています。人気のある商品であれば、消費者はその商品の価格が低下してほしいという思いが潜在的にありますが、価格が下がらなくても致し方ないと考えています。そこで、そのような人気のある商品の価格を変更する、すなわち「価格破壊」のアイデアが考えられます。アルコール飲料のなかでも多くの人が飲用しているビールの価格は、日本では税金が占める割合が高いため下げることが難しく、国内の主要ビール会社の商品に価格の差はみられていません。

　このような価格差がないことが当たり前のビールの市場環境を打破するために、ビールの価格を下げるためのアイデアの検討がされてきましたが、ビールの原料や製造プロセスを見直すといった通常行うコ

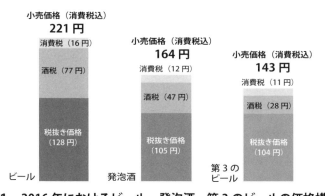

図1　2016年におけるビール・発泡酒・第3のビールの価格構成
出所：「平成28年ビール・発泡酒・新ジャンル商品の酒税に関する要望書」をもとに筆者改変。

ストダウンの方策では限界があります。消費者に低価格であってもビールと同等のおいしさを楽しめる商品を開発するためには、従来とは全く異なる方策が必要です。ビール業界では、酒税法に着目し、ビールより酒税は低いがビールと同様のおいしさのある酒類を開発することで価格を抑えるといったアイデアを創出し、そのアイデアを実現するために新しい中味製造法の検討を開始しました。酒税法を遵守するために多くの技術的な障壁を乗り越えて低価格のビール類（発泡酒、第3のビール等）を開発し、上市に至っています（**図1**）。

（3）潜在ニーズ探索に基づくアイデア創出

　潜在ニーズを発掘した後には、そのニーズに応えるためのアイデア出しは非常に重要になります。既述したように顕在ニーズに比べて、潜在ニーズを探索することは困難であり、仮にその潜在ニーズを発掘したとしても、そのニーズに応えていくための具体的なアイデア創出が難しくなることも多々あります。さらには、アイデアの実現に向けた技術の開

発が困難を極めることもあります。しかし、これらの高いハードルを越えれば、知的財産権で守られた競合他社にはない商品の開発が可能となり、新鮮で、驚きや感動をもって消費者に支持される商品を開発できる確率が高くなります。このようにして開発された潜在ニーズに応える商品は、新しい消費者層の参入が期待でき、市場拡大にもつながります。

　潜在ニーズに応えるアイデア創出から商品化した事例として、ビールテイスト飲料「オールフリー」[1]と第3のビール（新ジャンル）「金麦」の開発事例を以下に示します。

　ビールテイスト飲料「オールフリー」は、2010年に発売されると間もなく、開発当時ビールテイスト飲料市場の中で圧倒的な市場占有率を誇っていた他社の商品を抜き去り、同市場内で売上げ1位のトップブランドになった商品です。

　「ビールを飲むと肥満になりやすいが、おいしいので仕方がない」と思っているビール愛好家が多くいます。そのような消費者には、「カロリーゼロのビールが欲しい」という潜在ニーズがありましたが、そのようなビールはないと諦めていました。オールフリーは、それに応えるためにビールテイスト飲料でアルコール度数、カロリー、糖質の3つのゼロを実現し、かつビールと同様のおいしさのある中味の飲料を開発するといったアイデアを創出し、商品化した飲料です（開発ノート①参照）。

　ビール類には、ビール、ビールより酒税が低くて安価な発泡酒、そして発泡酒よりもさらに酒税が低くて安価な「第3のビール」と言われている商品があります。金麦は、ビールの香味に近い「第3のビール」と

1　内田雅昭「ノンアルコールビールテイスト飲料の現況」『臨床栄養』119巻6号、2011年11月1日、p.661-663

して発売後、当時第３のビールの市場の中で圧倒的な市場占有率を誇っていた原料として麦芽を使用していない他社の商品と並ぶトップブランドになった商品です。

「金麦」の開発を開始した当時、「第３のビールは最も安価なビール類なので、ビールほどにおいしくなくても仕方ない」と思っている消費者が多くいました。そのような消費者には、「第３のビールでも、ビールと同じくらいおいしいものが欲しい」といった潜在ニーズがありましたが、そのようなものはないと諦めていました。「金麦」は、それに応えるために原料として麦芽を使用し、さまざまな醸造条件を検討することにより、ビールの香味に近くておいしい「第３のビール」を開発するといったアイデアに基づき、商品化したものです（開発ノート②を参照）。

開発ノート　①　「オールフリー」の開発……なぜ売れた？

　アルコール度数0.00％の表示が意味するところは、実質的にアルコールが入っていない商品であるというメッセージです（アルコール度数が完全にゼロであることを保証することは技術的に困難であるため、分析により保証できるアルコール度数である0.00％を表示しています）。アルコール度数0.00％表示のビールテイスト飲料が発売される前までにも、アルコール度数１％未満であればアルコール度数が0.00％でなくてもビールテイスト飲料（通称ノンアルコールビール）として発売できるため、１％未満の商品を大手の各ビールメーカーが発売していました。実際にそれら商品のアルコール度数を分析すると１％未満ではあるもののアルコールが検出されるため、多くの消費者の興味を引くことはなく、売上げは芳しくない状況でした。

　一方で、当時の消費者には、「アルコール度数が完全に０％のビールテイスト飲料が欲しい」といった欲求が潜在ニーズとしてあり、そのニー

ズに応えた商品として他社から最初に発売された商品がアルコール度数0.00％のビールテイスト飲料であったと考えることができます。

その中味の評価については、「ビール本来の味わいとは違っている」といった声も多く聞かれていましたが、発売直後から従来型のビールテイスト飲料をはるかに凌ぐ売上げを築き、それに追随して発売された競合他社の同様のアルコール度数0.00％の商品をものともせず、トップシェアを誇っていました。

以上のような市場環境を打破するために、アルコール度数が0.00％の商品価値に、さらに価値を付け加えるためにさらなる潜在ニーズの探索とそれに応えるためのアイデアの検討を行いました。それらの検討の中でまず目を付けたのが、「カロリーゼロ表示」でした。日本の酒税法上のビールの世界では、カロリーゼロの商品が存在しません。なぜならば、酒税法上ビールと認められるためにはアルコール度数が1％以上であることが必要であり、ビールはアルコール由来のカロリーだけで必然的に「カロリーゼロ表示」が不可となる5kcal/100ml以上になるためです。ビールならではの喉越しを楽しみたいが、ビール腹を気にしているビール飲用者には、「カロリーゼロでビールのおいしさのある飲料が欲しい」といった潜在ニーズがあると考えました。この潜在ニーズは、消費者が「ビールというものはカロリーが高い飲料だ」といった思い込み（バイアス）の中で生活しているために、顕在ニーズ化することがなかったと考えました。

次に目を付けたのが「ビールならではのおいしさ」でした。ビールが大好きで、アルコールを控えなければならない場面ではビールテイスト飲料を飲みたいと思ってはいるが、「ビールテイスト飲料はおいしくないのでたまにしか飲まない、あるいは全く飲まない」といった消費者が少なからず存在し、そのような消費者には「おいしいビールテイスト飲料が欲しい」といった潜在ニーズがあると考えました。この潜在ニーズは、「ビールテイスト飲料はおいしくないものだ」といった思い込み（バイアス）や諦めがあるために、顕在ニーズ化しなかったと考えます。

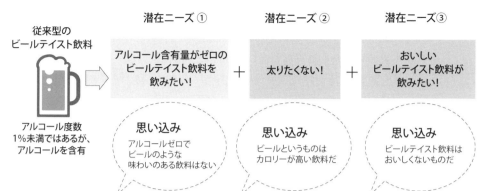

図2　アルコール度数 0.00% ビールテイスト飲料に対する潜在ニーズ

出所：筆者作成。

　これらの潜在ニーズを満たすためのアイデアが、製造方法を工夫することにより「カロリーゼロ表示」と「ビールならではのおいしさ」を両立したアルコール度数が0.00%のビールテイスト飲料を開発することでした。オールフリーは、このアイデアを新商品として実現したものです（図2参照）。

②　「金麦」の開発

…… 「第3のビール」でビールならではの「味わい」？

　金麦開発当時の日本の酒税法では、「ビール」の定義により、麦芽を67%以上使用する必要がありました。当時、発泡酒よりさらに酒税が低い「第3のビール（新ジャンル）」といわれているビール類の商品がビールや発泡酒の代替として売上げを伸ばしており、最も売れていた商品は麦芽使用量が0%の商品でした。この「第3のビール」は、「発泡酒よりもさらに安いビール類が欲しい」といった消費者の潜在ニーズに応えて開発された商品であると考えることができます。この潜在ニーズは、消費者が「発泡酒より安価なビール類が発売されることはない」と思い込んでいたために顕在化してこなかったと考えます。

　ビールを日常的に飲んでいる消費者の中の一定数は、第3のビールの

香味が本来のビールとは異なるのは価格が安いので仕方ないと考え、その味わいに満足しているとは言えないものの、ビールに替えてそれを定番品として飲み始める人が毎年増加していました。一方で、第3のビールの市場が拡大している状況下でも、「ビール」であることにこだわっている消費者の多くは「第3のビールは所詮ビールではないので、おいしいはずがない」とその味わいに満足できずにビールを飲用し続けていました。そのような「ビール」にこだわり、ビールを飲用し続けている人にも「第3のビールでもビールと同等の味わいのある商品がほしい」といった潜在ニーズがあると考えました。

　金麦の開発当時に最も売れていた第3のビールは、上述したように麦芽使用量が0%の商品でした。一方で、金麦は、ビールと同等の味わいを実現してその潜在ニーズに応えるために、主な原料として酒税法上許容される範囲内で麦芽を使用することにこだわることで、ビール本来の香味に近い中味を実現するといったアイデアのもとで開発を行い、新商品として実現したものです。

　金麦の発売後、その味わいが「ビール」にこだわっていた人を含む多くの消費者の潜在ニーズを満たすことができ、市場占有率を着実に徐々に拡大することができました。

2 消費者の心に響く「商品コンセプトの創造」

　商品コンセプトの「コンセプト」の意味は、下記のように定義されています（小学館「デジタル大辞泉」）。

◇ 概念。観念。

◇ 創造された作品や商品の全体につらぬかれた、骨格となる発想や観点。

　商品開発プロセスはアイデア探索から始まりますが、商品コンセプト

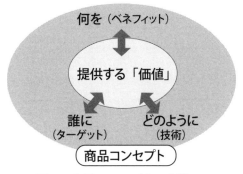

図3　商品コンセプトの創造

出所：筆者作成。

とは、そのアイデアを発展させて商品の価値として定め、消費者の言葉で表現したものです。すなわち、この商品の「価値」は何であるかを、誰に対して（ターゲット）、どのようなニーズを（ベネフィット）、どのようにして満たす（技術）ものかを一言で言い表したものです（**図3**）。商品コンセプトをパッと聞いてすぐに理解してイメージができるように、価値を一瞬で伝える表現であることが重要です。

　コンセプトの良し悪しは、商品開発の成否を大きく左右します。ターゲットとなる消費者に新奇性（目新しさ）、共感性（自分向き）を自然に認識してもらい、興味を引かせることができるかどうかが大きなポイントになります。消費者にとって新しい「課題＋解決策」という言語で構成されていると良い商品コンセプトといえます。

　表2に、商品コンセプトが市場で認知され、商品としても成功している実例を示しました。例えば、オールフリーの商品コンセプト「アルコールゼロ、糖質ゼロ、カロリーゼロ」では、課題＝「アルコール量、糖質量、カロリー量」、解決策＝「三つのゼロ」となり、金麦の商品コンセプト「旨味たっぷりの麦芽からうまれた『コク・旨味』」では、課題＝「コク・旨味」、解決策＝「旨味たっぷりの麦芽」となります。ダイソンの商品コンセプ

49

表2　市場で認められた商品コンセプトの実例

商品名	商品コンセプト
ビールテイスト飲料「オールフリー」	アルコールゼロ、糖質ゼロ、カロリーゼロ
第三のビール「金麦」	旨味たっぷりの麦芽からうまれた「コク・旨味」
「モーニングショット」	朝専用 缶コーヒー
「ウイダー in ゼリー」	10 秒チャージ 2 時間キープ
ミルクプロテイン「ザバス」	理想のカラダへ
「ドミノピザ」	30 分以内に熱々ピザを自宅までお届け
「ダイソンの掃除機」	吸引力の落ちないただ一つの掃除機
「ルンバ」	Smart（かしこく）、Simple（かんたん）、Clean（きれいに）

出所：筆者作成。

ト「吸引力の落ちないただ一つの掃除機」では、課題＝「吸引力」、解決策＝「落ちない」となります。

　さらに、その商品コンセプトを実現した新商品の競合商品に対する独自性や優位性、そして企業の中長期経営戦略との整合性、生産の実現性などの観点で商品コンセプトの良し悪しを評価することが必要です。

　複数のコンセプト（案）を上記の観点で評価することにより絞り込み、そのコンセプト（案）が消費者に狙った通りに理解されるかどうかを消費者によるコンセプト調査で確認します（▶第3章第7節参照）。コンセプトが不明瞭だと、誰のための何のベネフィットの商品なのかを消費者に理解してもらえず、消費行動につなげることができません。また、中味、パッケージ、ネーミング、宣伝などに関わっている商品開発メンバー間ですべてが目指すアウトプットの方向性の統一が図れず、消費者への統一されたメッセージのない商品となりかねません。そのような事態に陥らないように消費者によるコンセプト調査の結果を踏まえて、商品コンセプトとして強化すべき点、改善点はないかなどの確認を行い、必要に

応じて改善していきます。

3　買ってほしい消費者を決める「ターゲティング」

　市場の成長期では、大量生産とマスメディアを用いた広告の大量投入を行うマス・マーケティングが有効でしたが、消費者の価値観が多様化した市場ではターゲット・マーケティングが有効です。

　ターゲットとは、商品を利用するであろう消費者のことを表します。ターゲティングとは、標的とする消費者層を決めることです。消費者層によってニーズが異なるため、開発した商品ごとにターゲットとする消費者層を選定する、あるいはターゲットとする消費者層に対する商品を開発していく必要があります。

　商品開発では、ターゲットとする消費者層を決め、その消費者層にとってのベネフィットを開発していくことが重要です。ベネフィットを受ける消費者層を明確にしないで開発した商品は、誰のための商品かがわからず、誰にも必要とされない可能性があります。ニーズがない消費者層に対してマーケティング活動を行っても売上げにはつながりません。また、もし自社の他商品の顧客の興味を引くようなことになれば、意図せずカニバリゼーション[2]を起こすことにもなりかねません。

　一方で、ターゲットとする消費者を特に限定せず、大多数の消費者層がその商品からベネフィットを享受できる、いわゆる万人受けする商品の開発を狙うこともあります。しかしながら、そのような商品の開発は、商品のベネフィットが曖昧になったり、そのインパクトが小さくなりがちにな

2　自社の商品が自社の他の商品と競合し、シェアを奪い合う現象のこと。

図4　セグメンテーション設定の例
出所：筆者作成。

　ります。多種多様な商品で溢れている市場で万人受けを狙った新商品の存在感を出していくためには、革新的な価値のある商品の開発が必要であり、そしてその価値を消費者に周知するマーケティング戦略が重要となってきます。

　次に、ターゲティングについての例を説明します。

① セグメンテーション

　セグメンテーションとは、市場の中で、消費者を共通属性で区分することで市場を細分化することを言います（**図4**）。分割軸として、

◇ 年代、性別、世代、家族構成、在住地域、職業、年収、学歴といったようなデモグラフィック（人口統計的属性）
◇ 住所、在住地域、地域特有の気候、人口密度、文化というようなジオ

グラフィック（地理学的属性）

◇ ライフスタイル、趣味、消費性向、興味、価値観などの消費者の心理であるサイコグラフィック（心理的特性）

などがあり、想定した商品の購買が期待できる消費者のセグメンテーションを行います。

商品開発を行う際には、これらセグメンテーションの中からターゲット層を設定し（例えば、活動的なシニア層）、そのターゲット層のニーズを調査、解析し、狙ったターゲットのニーズに合致したベネフィットのある商品開発を行います。

② ペルソナ

近年、消費者の嗜好性や情報入手媒体などが多様化、複雑化してきており、各消費者のそれぞれの実態、ライフスタイルを意識したマーケティングが重要視されてきています。そのような状況にある消費者の実態を把握して理解するためには、ストーリー性のある個人の消費者モデルを設定する必要性がでてきています。

「ペルソナ」とは、ある商品を購入し、使用する典型的な人物像のことを指し（**図5**）、ターゲットとする消費者の中で最も重要な人物モデルとなります。ターゲット層は「ひと塊の消費者群」であるのに対して、ペルソナはターゲットのうち、性別・年齢、居住地、職業、役職、年収、価値観、趣味、特技、価値観、家族構成、生い立ち、休日の過ごし方、ライフスタイル、ライフステージ、これまでの人生経験、悩み、こだわり、将来の夢、情報入手方法などを具体的に設定し、あたかもその人物が実際に存在しているかのような１人の架空の人物を想定します。ペル

図5 ペルソナ設定の例
ある商品を使用する架空の典型的な人物像
出所：筆者作成。

ソナを設定することによって、消費者を深く知り、結果的に消費者ニーズを深く理解することにつながります。また、具体的なペルソナ設定を行うことで、商品開発チーム内でどのような消費者に対して商品を開発するのかといった開発方針が共通認識しやすくなります。

　ペルソナを適切に設定するためには、ターゲットとする商品や消費者についての事前の調査が重要になりす。**図5**に、例えば、ビールテイスト飲料の場合のペルソナ像を示しました。ビールテイスト飲料を日常的に飲用する架空の人物像として、ビールが好きで買い物や送迎、習い事に車を使用している主婦を想定することができます。

4 消費者が価値を感じる「ベネフィット」

　コンセプト創りには、ターゲティングとともにそのターゲットが体感、享受できるベネフィットについての設計が重要です。ベネフィットは、商品コンセプトの核心をなすものであり、商品開発の成否を決める

図6　ベネフィットとは商品の存在価値そのもの
出所：筆者作成。

と言っても過言ではありません。

（1）ベネフィットとは

　ベネフィットとは、消費者が商品を購入・使用することによって得られる利益、効用、そして「満足した」、「楽しい」、「嬉しい」といった感情などの要素のことです。お客さまは商品という目に見える「もの」を買おうとしているのではなくて、その商品から得られる「ベネフィット」に魅力を感じて購入を検討しています。消費者に購入してもらえる商品にベネフィットは欠かせないものであり、商品の存在価値そのものです（**図6**）。

　商品がヒットするためには、まず購入を検討している消費者にその商品のベネフィットを理解してもらう、その上でそのベネフィットを欲しいと思ってもらう必要があります。さらに、リピート購入をしてもらう

図7　炭酸飲料から得られるベネフィット

出所：筆者作成。

ためには、購入した消費者にそのベネフィットをしっかりと体感し、満足してもらう必要があり、そのベネフィットに対する消費者の信頼を勝ち取らなければなりません。

　炭酸飲料の新商品を例に示します（**図7**）。「最高水準の炭酸量を含有！」と謳った新商品は、炭酸量の多さが特徴でありアピールポイントです。一方で、消費者は、「この炭酸量でのみ体感できる爽快感」を期待して新商品を購入するため、それがこの新商品ならではのベネフィットとなります。注意すべきは、消費者は通常商品より含量の多い炭酸量にお金を払っているのではなく、その炭酸飲料ならではのベネフィットを期待して購入しているということです。したがって、購入したお客様が飲用した後に「最高水準の炭酸量と謳ってはいるが、日頃飲んでいる炭酸飲料とあまり変わらない！」と感じた場合にはお客様の期待を裏切ることになります。その飲用者にとっては、この新商品には期待したベネフィットがなかったことになり、つまるところ新商品には購入する価

△ベネフィットが
わかりづらい

◎ベネフィットが
伝わりやすい

図8　ベネフィットが伝わりやすい商品コンセプト
出所：筆者作成。

値がなかったことになります。購入したお客様が確実にベネフィットを
体感できる商品の設計が必要です。

　また、「最高水準の炭酸量を含有！」といった商品の炭酸量に関する
スペックの特徴だけを消費者に宣伝しても、それがどのような意味をも
つのかわからない消費者はその商品に興味を示しません。「最高水準の
炭酸量で未体験の爽快感を！」といったこの商品ならではのベネフィッ
トを伝えるマーケティングが必要になります。

　飲料とは異なりますが、ベネフィットに関する理解を深めるためにそ
の他の事例を２つ紹介します。

①　相対比較しないと理解されないベネフィット

　トイレットペーパーの１ロール当たりの長さ「１ロール当たり100
メートル！」を特徴とした商品があります（**図8**）。「１ロール当たり
100メートル！」と広告されても消費者が他の平均的な長さを知らない
と「何となく良いのかな？」といった程度にしか認識されません。一
方で、「取り換え回数が通常の半分に減らせます！」といった広告であ

れば、この新商品のベネフィットが誰にでも伝わり、トイレットペーパーの交換に手間を取られることに嫌気がさしている人にとっては買いたくなる商品となります。

② スペックでは理解できないベネフィット

パソコンのCPU、メモリー、ハードディスクなどの商品スペックの高さを特徴とした商品があります。それらのスペックを競って商品開発したとしても、各スペックの意味する性能を知り、重視する人であれば購入するかどうかの判断は可能ですが、そのような人は市場全体から見ると多くはないと思われます。競合との差別化がスペック上の数字だけでは、「この商品を買いたい」と思わせるベネフィットが何であるかが一般の消費者にはわかりません。パソコンの場合には、そのスペック上での性能の高さだけを訴求するのではなく、例えば「ストレスフリーの動作性！」、「臨場感溢れる音声」などの消費者が得られるベネフィットをキャッチコピーに使い、共感性を生むことが大切です。

(2) ベネフィットの分類と設計

消費者に「欲しい」と思ってもらえる商品を開発するためのベネフィット設計について説明します。アメリカの経営学者のデービッド・アーカーによるベネフィットの分類を参考に、食品におけるベネフィットを「機能的ベネフィット」、「情緒的ベネフィット」、「自己表現ベネフィット」、「相対的価値ベネフィット」の4つに分類し、ベネフィットの例を**表3**に示しました。

表3　ベネフィットの分類

分　類	得られるベネフィット
機能的ベネフィット	商品が持つ機能的側面によって与えられるもの （例：喉の渇き解消、栄養補給、水分補給、リラックス、リシール可能、持ち運び可能、軽いなど）
情緒的ベネフィット	心地よい感情、満足感を喚起するような情緒的側面が与えるもの （例：おいしさ、高級感、希少性、話題性、新奇性、楽しさ、老舗、伝統、新鮮、熟成感、安心感など）
自己表現ベネフィット	他に対して自己アピールにつながる自己表現、自己実現のもの （例：こだわりの提示、自慢、自分らしい生活スタイルの誇示、ポリシーなど）
相対的価値ベネフィット	同価格でありながら、価値が高いことで得られるもの （例：コストパフォーマンス、お得感など）

出所：筆者作成。

　表3の観点をもとに、消費者のニーズ（欲求）を明確化し、そのニーズに応えることができるベネフィットは何なのかを考えながらベネフィット設計を行います。潜在ニーズは、ターゲットとする消費者に商品を通して提供するベネフィットを共感してもらうことで、顕在ニーズとなります。マーケティングでは商品の特徴を羅列でするのはなく、消費行動に導くキャッチコピーを作製し、ベネフィットを周知することが重要です。

　以下に、飲料を例とした場合に、どのようにしてベネフィットを創り込んでいくのかについて、飲料の中味とそのパッケージ（容器）の観点から説明します。

図9　マズローの欲求5段階説
低次の欲求から順番に現れ、その欲求が満たされ始めると、さらに高次の欲求が現れてくる。

（3）人の欲求と中味のベネフィット

　消費者が飲料を購入したいといった欲求が発生する理由について、心理学者アブラハム・マズローによる「欲求5段階説」として一般的に知られている人間の動機づけに関する理論に当てはめて考えてみます。消費者にはマズローの5段階に分類できる欲求があり、それらの欲求は、基本的には低次のものから順番に現れ、その欲求が満たされ始めると、さらに高次の欲求が現れてくるとしています（**図9**）。

　現在の日本では、日常生活において多くの人は最も低次の生理的欲求は満たされていることが多く、それより高次の欲求を求めることになりますが、高次のどの段階への欲求があるのかは人が置かれた環境、各人の価値観によっても異なります。自分自身も気づいていない潜在的な欲求は、ある商品との出会いにより顕在化し、欲求として表出します。

　ここでは、世界中で飲用されているさまざまな飲料の中味には、欲求5段階の各段階の欲求を満たしているのか、満たしているとするとどのようなベネフィットがあるのかについて考えていきます。

①　第1段階の生理的欲求

　生理的欲求は、人を動機付ける最も根源的な欲求であり、生命を維持するための本能的な欲求を指し、「食欲」「性欲」「排泄欲」「睡眠欲」などがあります。「食欲」に含まれる欲求の一つが、飲料に対する摂取欲求です。

水分に対する欲求

　飲料の中味特性として最も特徴的であり、かつ本質的な性質は、水の含有率が高いことです。飲料を飲むことで得られるベネフィットは、生理的欲求に基づいた水分摂取による身体の渇き解消（脱水の回避）と考えることができます。水分の摂取欲求は生理的欲求に基づくため、その欲求がある一定の期間満たされない状態が続けば生命の危機に陥ります。

清涼飲料水に対する欲求

　一方で、清涼飲料水には水分補給といった本質的なベネフィットに加えて、水では満たすことができないその時々の身体のコンディションに応じて生まれた欲求に応える機能的ベネフィットがあると考えることができます。そして、その機能的なベネフィットに応じて、これまでにもさまざまなタイプの清涼飲料水が開発されてきました。例えば、気分転換したい、頭を覚醒したい、リラックスしたいといった心理的、生理的な欲求に応えた清涼飲料水などがよく知られています（**表4**）。

表4　心理的、生理的欲求を満たすベネフィットのある清涼飲料水

飲　料	飲用シーンの例	ベネフィット
エナジードリンク	これから頑張りたいとき	頭スッキリ感、覚醒感、みなぎるヤル気
コーヒー	仕事中に一服したいとき	リラックス感、覚醒感
ビール	仕事後にホッとしたいとき	癒し感、爽快感
炭酸水	喉が渇いたとき	止渇感

出所：筆者作成。

　このようなベネフィットのある清涼飲料水は、日本だけではなく世界中で広く飲用されていますが、清涼飲料水が世の中で最初に上市された時には、それぞれの清涼飲料水のベネフィットは消費者の顕在ニーズではなく、潜在ニーズとしてしか存在していなかったと考えられます。社会環境の変化や企業などの努力により消費者の潜在ニーズが顕在ニーズへと変化し、世界中における現在の飲料市場を形成するに至ったと考えることができます。

欲求を満たすファクトとメカニズム解明

　飲料を飲用した消費者が期待通りの機能的ベネフィットを体感することができ、かつその体感が科学的な根拠に裏付けされていれば、たとえ時間がかかったとしても世界中の多くの消費者からの支持を得られるようになり、表4に記載した飲料などの世界に冠たるロングセラーの飲料になることが期待できます。

　機能的ベネフィットのある飲料の開発では、狙ったベネフィットを人

表 5　飲用に伴う体感が、サイエンスにより裏づけされた研究の紹介

研究の内容	文　献
コーヒーの香りにリラックス効果があり、コーヒー豆の産地や焙煎によってリラックス効果は変わることを脳波計測により調べた研究	古賀良彦ほか「コーヒー豆の種類の違いによる香りのリラクゼーション効果の差異」『日本味と匂学会誌』8(3), 343-346,（2001）
ウイスキーの香りを嗅ぐと深部体温に影響を及ぼし、眠気を増すことを調べた研究	好田裕史ほか「ウイスキーの香り刺激後の体温変化と眠気に関する予備的検討」『日本栄養・食糧学会誌』第 71 巻　第 5 号　243-250（2018）
温かいスープを飲むと足先温の上昇が 30 分以上にわたり持続することを調べた研究	高木絢加ほか「温スープ摂取後の主観的温度感覚および深部・末梢体温の変化」『栄養学雑誌』vol.71　No.2　49-58 (2013)
炭酸水による口腔への刺激が足先音の低下させることを調べた研究	高木絢加ほか「炭酸水による口腔への刺激が深部・抹消体温に及ぼす影響」『日本栄養・食糧学会誌』第 67 巻　第 1 号　19-25（2014）
ウーロン茶を飲んだ後に口腔内がサッパリするメカニズムに関する研究	村絵美ほか「ウーロン茶の口腔内油脂浄化作用に関する研究」『日本味と匂学会誌』17(3), 323-326, 2010-12-01

出所：筆者作成。

が体感できているかどうかを調べるために官能評価[3] を行いますが、最近ではベネフィットを体感できているか否かの客観的な裏付けをとるために、**表 5** に記載したようなさまざまな角度からの基礎的な研究が行われています。

　体感することができる中味のベネフィットに関するサイエンスにより、

3　官能評価とは人間を一種の計測機器と考え、人の五感（視覚、聴覚、嗅覚、味覚、触覚）により物の品質、特性や人の感覚そのものを測定する方法。一般的には、多数の人（官能パネル）に、一定の条件で、与えられた試料を、見る、嗅ぐ、触るなど五感を通して評価してもらい、その結果を統計的に解析する。人間が感じるおいしさなどの評価は、おいしさに関連するさまざまな成分を機器分析技術により定量化することには限界があるために、官能評価により行う。

これまでにない新しいベネフィットのある新商品の開発が期待できます。

② 第2段階の安全欲求

　安全欲求は、生活する上での危険を回避したいといった安全への欲求を指しています。

　飲料への欲求にあてはめると、例えば各家庭で水を飲む場合に、安価に手軽に利用できる「水道水」ではなく、安全性を考えて「天然水」を定期購入している人が多く存在します。さらには、同じ天然水でも、安心感からあえて価格が高いナショナルブランドの商品を購入する人もいます。

　同じタイプの飲料（例えば、果汁100%オレンジジュース）であれば、香味の少しの違いによる多少の好き嫌いよりも、原料や商品の安全性を含めた中味品質保証レベルが高い飲料を選ぶ人もいます。

　日常生活における不適切な飲食は病気になる危険因子になりうると考えることができ、その危険を回避するために安全な飲食を心掛けることが必要です。例えば、ある病気で入院している時に出される病院食は、安全な飲食です。飲料の場合には、水分の摂取欲求が生じていなかったとしても熱中症予防のために定期的に水分を補給するのに適した飲料や日常的な食事だけでは不足している栄養分を補給するための果汁・野菜100%の飲料、牛乳などは、危険を回避するための飲料と考えることができます。

　最近では、健康の維持・向上を目指した機能性成分が含有されている特定保健用食品や機能性表示食品などの飲料も安全欲求を満たす飲料とみなすことができ、それらを積極的に飲用している人が増加しています。

　以上のように、安全性が高く、健康に良い食品は、安心できる日常生活を送りたいといった安全欲求を満たした商品と考えることができます。

③　第３段階の社会的な所属と愛情の欲求

　社会的な所属と愛情の欲求は、自分が社会に必要とされ、友人や家庭、会社から受け入れられたい欲求を指しています。食品の場合には、世の中で人気の高い食品や直近で流行している食品、昔からの定番ブランドの食品などを購入、飲用することにより、集団への帰属感や社会的安心感が得られるといった食品があります。それらの食品は、第３段階の欲求を満たすために好んで選ばれる傾向があると考えられます。

④　第４段階の尊厳・承認の欲求

　承認欲求は、自尊心をもつために、尊敬され、認められて名声を得たいといった欲求を指しています。例えば、その欲求を満たす飲料としては、一般的なものより価格が高いブランドの飲料が発売されており、人はこの第４段階の欲求を満たすためにそれらをあえて購入することがあります。１本が10万円以上する高額なワイン、シャンパン、ウイスキーなどをレストランなどで注文したり、ホームパーティーで出したりした場合にはこの欲求が満たされ、周りからの賞賛を求める欲求も満たされます。これら飲料の中には、一般的な価格帯のものと比較して価格差ほどの香味的な差を感じることができないものもありますが、滅多に飲むことができないといった希少性が高いものを所有していることで人に認められたいといった欲求を満たしていると考えられます。

　また、原料や包材、そして製造法に関して環境負荷に配慮して商品化した点をコンセプトとしている飲料などがありますが、これらの商品を購入することも人から尊敬されたいといったこの欲求を満たすことにつながります。

⑤　**第5段階の自己実現欲求**

　自分の主義やありたい姿に沿った商品コンセプトの飲料としては、以下のような各人のこだわりに応えた飲料があると考えます。こだわりの例としては、伝統的な製法へのこだわり、「ストレート果汁（果汁の製造工程で濃縮をしない果汁）100％の原料使用」といった原料そのものがもっている価値へのこだわり、「天然素材使用かつ添加物不使用」や「有機栽培や無農薬栽培の原料のみ使用」などといった身体への優しさへのこだわり、トクホなどから機能性成分を毎日摂取することへのこだわり、サステナビリティを考慮した生き方へのこだわりなどです。

　以上のように人間にはさまざまな欲求があることから、いつ、どこで、誰と、といった商品の飲用場面も想定した上で、実際の飲用時の欲求を最大限に満たすことができる飲料の開発が重要となります。マズローの欲求を満たす飲料を科学的根拠で裏付けながら開発することにより、さらには1つの商品で1つの欲求だけを満たすのではなく、多くの欲求を同時に満たすことができる商品力が高い商品を開発することにより、グローバルな市場形成も可能になると考えます。

（4）パッケージの工夫によるベネフィット

　パッケージは飲食するものではないので、中味がしっかりと保存できる機能さえあれば、できる限りそのコストを下げて商品そのものの価格を下げることにより、競争力を高めるといった戦略が通常よくとられます。一方で、中味が同じであってもパッケージに機能性を付与することで商品そのものの価値を高め、消費者にそのベネフィットを理解、体感

してもらうことで、継続購入につなげることもできます。

これまでにパッケージのベネフィットを追求して開発されてきた一連の技術の例を、以下に挙げます。昔は、飲料を飲むには栓抜きが必要な瓶入りが主流であったなか、缶飲料商品が開発されました。最初は缶切りで穴を開けて飲んでいましたが、1965 年にプルタブを切り離して開けるプルトップ缶の商品が採用され、1989 年には散乱防止のため、ふたが缶にとどまるステイオンタブ缶が開発されました。1996 年頃からは、小容量ペットボトルの商品が開発され、そのリシール機能により小分けにして飲むことが可能となり、いつでもどこでもすぐ飲めるようになりました。

世界中で広く使用されるようになってきたこれらの缶やペットボトルのパッケージは、その後もベネフィットをさらに向上させるためにさまざまな技術開発が行われてきました。その例を**図 10** に飲料のパッケージにおけるベネフィットを、**図 11** には飲料以外の液体商品のパッケージにおけるベネフィットを紹介しました。その他にもにパッケージを通して消費者のベネフィットにつながる以下のような技術開発が行われています。

◇ 外からの酸素や光の中味への影響を抑止し、保管に伴う品質変化を少なくする機能性のある包材を使用したパッケージ（▷第 3 章第 2 節）

◇ 包材の製造過程や包材の廃棄、再利用過程での環境へ影響を小さくした容器を使用することによるサステナビリティへ貢献するパッケージ（▷第 3 章第 2 節）

◇ 中味特徴に応じた飲み残しが少なくなる量や飲み飽きない量といった観点で、容量バリエーション展開のあるパッケージ

①ゆびスポットボトル

２ℓペットボトルの「開けやすさ、注ぎやすさ、持ちやすさ」を改善するために、ボトル胴部に指がかかりやすくする凹み形状のある「ゆびスポットボトル」の開発。
出所：サントリーのウェブサイト　https://www.suntory.co.jp/softdrink/yubispot/

② P-ecot（ペコッと）ボトル

手でも小さくたためて廃棄しやすい「P-ecot(ペコッと）ボトル」の開発。
出所：ジャパン・フォー・サステナビリティのウェブサイト　https://www.japanfs.org/ja/news/archives/news_id030676.html

③リシールアルミ缶

缶をリシールし、保存できるアルミ缶の開発。
出所：Light Metal Age 2018 https://www.lightmetalage.com/news/industry-news/applications-design/snstech-launches-re-closable-aluminum-can/

④クリーミーな泡のできる缶ビール

クリーミーなきめ細かいビールの泡ができるパッケージの開発。ギネス社の缶ビールの特許技術。缶ビールの缶内に浮かぶ「フローティング・ウィジェット」という白い球体のカプセルにより、グラスに注ぐと無数のきめ細い泡が立ち、クリーミーな泡のビールをつくるパッケージで、飲み終わるまで泡が消えにくくておいしく飲める。
出所：服部国際特許事務所のブログ　https://www.hattori.asia/blog/post_101/

⑤包材のデザインの工夫

飲用時の気分や機能感の向上を狙った容器のデザイン：缶ビールの色彩をシルバーにすることによる味わいのドライ感アップ（左）、泡とジョッキのデザインによる醍醐味感アップ（中央）、飲用シーンをデザインすることによる飲用時の満足感アップ〔花見シーズンの桜デザイン（右）など〕がある。その他に、カラーリングにグリーンを施すことによる機能性ビール類の健康感アップなどがある。

出所：スーパードライ（アサヒビールのウェブサイト）、ジョッキ生（サントリーのウェブサイト）、金麦（サントリーのウェブサイト）。

図10　飲料のパッケージとベネフィット

①やわらか密封ボトル

しょうゆを一滴から欲しい分まで自在に注ぐことができ、使い終わるまで容器が変形せず、使いやすいといった機能と酸化防止により開封後の中味液の「色」「味」「香り」の日持ちが向上する機能をあわせ持った「やわらか密封ボトル」の開発。

出所：キッコーマンのウェブサイト https://www.kikkoman.co.jp/kikkoman/shinsen/

②スマートホルダー

詰め替え用のパックを専用ホルダーにセットするだけで詰め替えが不要になり、独自開発のエアレスポンプの採用により、パックの最後までムダなく使いきれる「スマートホルダー」を開発。

出所：花王株式会社のウェブサイト https://www.kao.co.jp/smartholder/

図11　飲料以外の液体商品のパッケージとベネフィット

　これらのベネフィットは中味由来のベネフィットとは異なり、多くは利便性を追求したものが該当します。利便性は、「より早く」、「より簡単に」、「より軽く」、あるいは「より効率的に」といった機能的ベネフィットであり、あらゆる人が利用できるようにデザインされたユニバーサルデザインに相通じるところがあります。ただし、利便性に対する欲求を満たすことを追求していくと、人間が本来持ち合わせている能力を低下させる懸念があることには注意が必要です。

　以上のように、パッケージングの工夫により商品のベネフィット向上に大きく寄与することが可能であり、今後、中味とパッケージの相性も加味した商品開発により、これまでにない新しいベネフィットが期待できます。

5 ベネフィットによる価値優位性の見える化 「ポジショニングマップ」

　市場における自他社の主力商品や新製品のベネフィットを比較し、その違いを分析することが重要です。

　ベネフィットに関する分析の中で、自社製品のベネフィットは競合他社の製品にはない唯一無二のものなのか、またその価値は将来においても知的財産権などで守られて優位性を維持できるものであるかについて評価し、把握しておかなければなりません。同様のベネフィットをもった商品が競合他社から既に発売されている場合や近い将来に同種の競合品が発売されることが予想される場合には、自社商品の競争力は早期に失われる可能性があるためです。

　また、ベネフィットが同じであってもそのベネフィットに対して感じる価値の大きさは、商品ごとに異なります。そして価値の大きさは、消費者の特性や価値観によっても異なるとともに、それらも時代と共に変化します。したがって、市場における各商品のベネフィット及びそれらのベネフィットの大きさについては、経年的に把握しておくことが重要です。

　以上のように、ベネフィットがもたらす商品の価値は、未来永劫変わらないわけではありません。将来に備えて、競合品に対して優位性のある新商品を開発して準備しておく必要があります。

（1）ポジショニングマップ

　ポジショニングマップとは、自社製品の競合との差別化を狙うために、

競争優位性のある独自のポジショニングを効果的に見える化するために
使用する手法です。

　将来の商品開発戦略を立案して具体的に商品化を進めていくために、
現在の市場で流通している各社商品のベネフィットのポジショニング
マップを作成し、次の新商品の特徴、差別化要因、すなわち新しいベネ
フィットを明確にしていきます。そうすることにより、次の新商品の特
徴や競合他社に比べた優位性に関する消費者への訴求ポイントをクリア
にすることができます。以下に、商品のベネフィットに関するポジショ
ニングマップの作り方を示しました。

- 商品に対し消費者が期待し、購買決定要因となるベネフィットや競合
  優位性が明らかになる２軸を設定する。
- この２軸で構成された４つの象限に、既存の自他社商品の属性を評価
  して、配置する。
- 開発しようとしている新商品をマッピングし、その位置が競合商品の
  多い領域かどうか、競合商品がある場合にはベネフィットの優位性は
  あるかといった解析を行う。

（2）　ポジショニングマップの空白領域を狙った商品開発

　２軸にアルコール飲料の商品の特徴であるアルコール度数とカロリー
を設定し、市場にある自他社の商品を配置したポジショニングマップの
事例を**図 12** に示しました。アルコール度数が高くなるとアルコール由
来のカロリーが高くなるため、その２軸によるポジショニングマップで
は一般的に両者に相関関係が認められます。

　消費者のカロリー摂取量への意識の高まりによる、飲料のアルコール

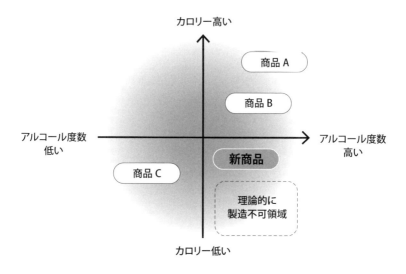

図12　新商品のポジショニングマップ
出所：筆者作成。

度数は下げたくないがカロリー摂取量は下げたいといったニーズに応え
た商品を開発ターゲットとした場合に、競合品が既に市場にあるかどう
かをポジショニングマップで確認します。マップ上の競合品のポジショ
ンを確認し、次の新商品のポジションが空白領域であることが確認でき
れば、その商品は開発ターゲットの候補とすることができます。ただし、
マップ上の空白領域に該当する商品が市場にない場合には、その領域の
商品を開発することが技術的に困難である場合が多いのが実情であり、
その領域内の商品を開発するためには新しい技術開発が必要になってき
ます。

　今回の事例の場合には、上述したように飲料のアルコール度数が商品
のカロリーに直接的に影響を及ぼすため、理論的に製造が不可能な領域
も存在します。したがって商品戦略を立案する際には、開発できるかど
うかの技術的な検討が必要となります。

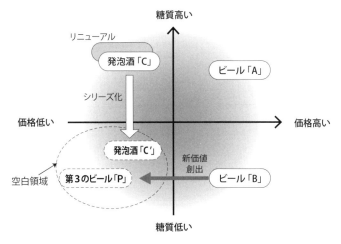

図 13　商品戦略のためのポジショニングマップ

出所：筆者作成。

- -

（3）ボジショニングマップに基づいた新商品戦略

　2 軸にビール類の商品価格と糖質含量を設定したポジショニングマップの事例を**図 13** に示しました。このボジショニングマップ上に自社の各種ビール類のビール「A」、ビール「B」、発泡酒「C」を配置して新商品戦略を検討した事例として、新価値商品の開発、既存商品のシリーズ展開、リニューアルの 3 つの事例を以下に示しました。

①　新価値商品の開発

　ボジショニングマップ上で自社商品が未充足になっている空白領域を見つけて、開発する新商品を検討します。

　図 13 の事例では、空白領域は安価で低糖質のビール類の商品であることがわかり、第 3 のビールの糖質ゼロの新商品（第 3 のビール「P」）の

開発が有望であることがわかります。ただし、その新商品を開発するための技術的ハードルが高い可能性があり、そのベネフィット、すなわち「安価（第3のビール）で糖質ゼロ」実現のための技術的な検討が必要になります。

　技術的ハードルを乗り越えて他社に先駆けて開発した空白領域における新価値商品は、新たな市場を独占することが期待できます。

②　既存商品のシリーズ展開

　同じ市場（例：発泡酒市場）で競合している商品が多いために売上げの増加が見込みにくい場合には、既存商品のシリーズ展開が考えられます。例えば**図 13** に示したポジショニングマップでは、競合の多い発泡酒「C」のシリーズ化商品として、糖質を低減することで競合品と差別化した糖質オフの発泡酒「C'」の開発が考えられます。発泡酒「C」の売上げに加えて、その糖質オフの発泡酒「C'」による売上げが加わることで競争の激しい発泡酒市場での売上げを増加させることが期待できます。

③　既存品のリニューアル

　ポジショニングマップには空白領域がないことが確認された場合には、目に見える数字上の改良（ベネフィットの改善）ではなく、飲料の香味特徴を改良することもあります。**図 13** 上の発泡酒「C」のリニューアルを検討する場合の例を以下に示しました。

　例えば、まずはじめに**図 13** のポジショニングマップとは別に、2 軸にビール類のコクとキレの評価を設定した場合の色々なビール類のポジショニングマップを作製し、自社製品の発泡酒「C」のコクとキレに関する香味特徴を把握します。そのポジショニングマップから、たとえば

自社の発泡酒「C」のコクは競合品と比較しても十分であるがキレに欠けていることが明らかになった場合には、原料レシピや製造法の変更を行うことで中味のキレを改善し、発泡酒「C」のリニューアル品として上市するといった戦略をとることが可能になります。

6 競争力のある「商品コンセプト」

　現在では、ある切り口でポジショニングマップを作製したとしても、実際にはマップ上に新たに新商品をポジショニングする余地がないほどに多くの商品が既に市場にあることが多いのが実状です。商品開発に活かせるポジショニングマップを作成するためには、これまでにない全く新しい切り口のベネフィット軸を検討する必要があります。それは、新機軸の全く新しい商品コンセプトの商品を開発することにつながり、競合に先駆けて開発できればロングセラー商品となる可能性も生まれてきます。

（1）コア・コンピタンス──技術開発と知的財産化

　商品開発プロセスの中で、新しい価値を商品という形に創り上げていくうえで重要になってくるのが、「シーズ（Seeds：種）」です。ここでいうシーズとは、ニーズに応える新商品を開発するために必要な技術のことであり、「技術シーズ」といいます。質の高い技術シーズを利用して狙ったベネフィットのある商品を開発することにより、他社と差別化することができます。技術シーズが知的財産化、ノウハウ化されて競合他社に追随されない能力の源泉となる場合には、特に「コア・コンピタン

ス」とも言われています。コア・コンピタンスは、複数の商品開発に応用できるコア技術、スキル、ノウハウの集合であるとされており、競合相手に対して競争力の源泉となるだけでなく、顧客に特定の利益をもたらします。実例として、世界最高水準と言われているボルボの自動車安全技術などがあげられています（フリー百科事典『ウィキペディア』の「コア　コンピタンス」の項目より）。コア・コンピタンスのある企業は、それを活かして継続的に商品開発を行うことが可能なため、競争力を高く維持することができます。

　これらの技術シーズに関しては、これまでに築いてきたものづくりに関する自社のノウハウや製造技術に満足するのではなく、将来の新商品開発に向けて、新しいコア技術を継続的に開発、獲得、強化していくことが重要です。

　現在の市場環境で商品開発を成功させるためには、コア・コンピタンスが必須になってきています。一方で、他社にない新しいコア技術を独自で獲得するには莫大な研究開発費が必要となることも少なくなく、そこでかかったコストは最終商品の価格に反映せざるをえなくなり、逆に競争力を失うことにもなりかねません。技術開発コストを抑制するために、外部研究機関で開発された新しい技術を導入したり、既知の技術シーズを複数組み合わせることにより、新価値をもった商品を開発することにチャレンジすることも重要です。これら一連の過程で得られた知見を知的財産権で守ることにより、他社からの参入障壁を強固なものにすることができます。

　飲料開発において知的財産化できる技術の切り口としては、新しい原料開発（高甘味度低カロリーの甘味料の開発など）、原料素材の新機能性探索、新しい原料加工技術、機能性素材を使用した新しい包装容器開発、低熱

負荷殺菌法などの新しい生産技術、新しい香味創生のための調合技術、香味成分配合技術、香料開発などがあります。

（2）新しい生活＆消費スタイルの提案

　消費者の生活スタイルまでに影響を及ぼす新しいコンセプトの商品には、大きな競争力と将来性があります。最近で生活スタイルに大きな変化をもたらした商品の一つに挙げられるのは、スマートフォンです。スマートフォンの登場により、情報端末としての機能と相まって、固定電話しかない時代から大きく人の生活スタイルが変化しました。

　飲料市場において、消費者の生活スタイルにも影響を及ぼしてきたと考えられる飲料として、以下のような事例が挙げられます。いずれも将来の社会環境や市場環境の予測に基づき、消費者に新しいベネフィットを提供するために開発され、今では消費者の生活に溶け込み、生活スタイルそのものにも影響を及ぼしていると考えます。

◇ 毎日の宅配などの商品にまつわる「サービス」の価値を付与した牛乳類や乳酸菌飲料など
◇ 家庭でいつでも安心でおいしい水を飲めるウォーターサーバー
◇ 缶コーヒーとは異なったコーヒー本来の香りを手軽に楽しむコンビニのドリップコーヒー
◇ スポーツなどで汗をかいた時に失われる水分とミネラルを補給するスポーツドリンク
◇ 野菜や果物を丸ごと使用することで、丸ごとならではの機能性成分の補給が可能なスムージー
◇ 体づくりのためのプロテイン飲料

Column ❹ post コロナ、with コロナと商品開発

● ●

　新型コロナウイルス感染症の流行により、居酒屋やレストランで食事や飲料を楽しむ機会が流行前に比べてかなり減少してきています。その代わりに家飲みの機会が増え、オンライン飲み会も開催されるようになってきました。居酒屋やレストランでの仲間との会食の楽しみは、おいしい食事と飲酒を伴った会話にあると思います。そしてフードやお酒はすぐに飲食できる状態で、かつ見栄えが良くておいしそうに見えるように盛られています。同じものであっても飲食物の見栄えによって人が感じるおいしさは異なることが知られています。一方で、自宅での飲食では、レストランのように見た目に手間暇をかけることも難しいため、見栄えによるおいしさアップが期待できません。「飲食物そのもののおいしさ」で勝負する必要があります。

　「飲食物そのもののおいしさ」とは何でしょうか？　素材の良さでしょうか？　味付けの良し悪しで決まるものでしょうか？　最も無難な答えは、食べ慣れた「家庭の味」、飲み慣れた「マイブランドの飲料」だと思います。1人暮らしの人にとって、「家庭の味」は現実的には難しいかもしれません。一方で、「マイブランドの飲料」と言える飲み物があれば、オンライン飲み会でも十分においしくアルコール飲料を楽しむことができます。商品開発を成功させるということは、そのような「マイブランドの飲料」と言ってもらえる飲料を開発することと考えます。

　さらに、with コロナの時代に求められる商品としては、「巣ごもり需要」に対する商品開発があります。巣ごもりでは買い物に行く頻度が少なくなるため、賞味期限の長い商品が望まれます。例えば、冷蔵保存しかできなかった商品を常温保存が可能な商品として発売できれば、冷蔵庫の場所を取らないために多くの量の商品を買い置くことが可能となります。

　そのような商品の開発には新しい技術開発が必要となってきますが、post コロナの時代であってもなかなか買い物に行けない高齢者や過疎地の人々にとっては便利な商品であり、地震や異常気象に備えるための必需品としても重要な役割を果たす商品となります。

第3章

食品開発の基本プロセス

イントロダクション

　第1章では消費者ニーズを把握することの重要性について、第2章では消費者のニーズに基づいたインパクトのある商品コンセプトについて述べました。

　この章では、消費者ニーズに基づいた商品コンセプトの商品を具体的に開発するための一連の基本プロセスについて説明します。

　これら定型的な開発の基本プロセスを経ることによりいろいろな商品の開発が可能ですが、良い商品コンセプトがない状態で商品を開発、発売したとしても、ものが溢れている現在の市場では簡単にヒットするような時代ではなくなっています。ましてやロングセラー商品を開発することはそう簡単ではありません。商品開発を成功させるためには、第1章、第2章のプロセスをしっかりと踏まえた上で、具体的な商品開発のプロセスに進むことが重要です。

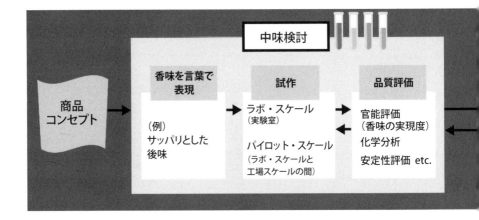

　厳しい市場環境のなかで商品開発を成功に導くためには、第1章、第2章で述べたようにまだ充足されていない消費者ニーズを的確にとらえ、そのニーズに応えるベネフィットを明確にした上で商品開発を行わなければなりません。新商品のベネフィットが曖昧なまま商品開発を進めてしまわないように留意する必要があります。

　さらには、実際に製造された商品が設計した通りに製造されず、狙ったベネフィットを消費者に体感してもらえなければ、商品コンセプトがいくら良くても商品開発は失敗に終わってしまいます。商品開発とは、消費者ニーズに応えるベネフィットを商品として具現化することだといえます。

1 飲料の価値の要である「中味開発」

　中味開発は、食品の商品開発の中心をなすプロセスです（**図1**）。中味そのものが消費者に気に入ってもらえなければ、2度目の購入は期待できません。中味とは、味や香りを感じることができる容器の中の液体を

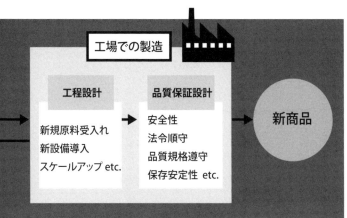

図1
中味開発プロセスの概要
出所：筆者作成

表します。ここでは、設定された商品コンセプトに合った飲料商品の中味の開発プロセスについて記載します。

（1）中味コンセプトの設定

　第2章で記載した商品コンセプトを実現するための中味コンセプトを設定します。ここでは、ある商品コンセプトのブラックコーヒーの中味を試作する場合の事例について述べます。例えば、中味コンセプトとして、「仕事中にちびちびと、液温に関係なく時間をかけてもおいしく飲める味わい」と設定します。

（2）コンセプトに合った中味の試作

　中味の試作は、基本的にはラボ・スケールやパイロット・スケールで行います。どのスケールでの試作を行うのかは、試作する飲料の種類によって異なります。試作時間も数時間で試作可能な飲料から、貯蔵期間

の必要なアルコール飲料の場合のように試作に年単位を要するものまで
あります。また海外から原料を取り寄せる必要がある場合には、さらに
開発期間を要すこともあります。

①　ターゲットとする中味の明確化と共有化

　中味を開発するためには、まずは中味コンセプトに合った中味とはど
のようなものなのかを言葉で明確に表現し、具体化していきます。簡単
な方法としては、まずはコンセプトに近い中味の商品を市場で売られて
いる既存商品の中から選んで購入します。その中味を飲みながらその特
徴について商品開発担当者間で共有化した上で、今回目標とする中味は
どのようなものにするのかを議論し、ターゲットとする中味イメージを
一致させて言葉で表現します。

　ブラックコーヒーの開発事例の場合には、液温に関係なく、ちびちび
と飲んでもおいしく飲めるようにするためには、どのような中味成分と
すべきかを検討することになります。例えば、香り立ちの強いコーヒー
にすると、おいしさが液温の影響を受けやすいので、香りはそれほど強
くないけれどもしっかりとした甘みと酸味を感じる香味（香り・味）設
計を基本とすることを関係者と共有化し、次に記載した試作に取りかか
ります。

②　中味の試作

　中味イメージに合ったものを試作するためには、過去の中味開発の経
験が必要となります。中味開発担当者は、ターゲットとする中味イメー
ジを実現するための中味成分のスペック、使用原料、原料処理・加工方
法、中味製造方法、そして中味へのパッケージの影響が大きい場合には

パッケージなどに関する検討を行い、試作に向けたアイデアを出していきます。これらのアイデアの良し悪しを評価するために、ラボ・スケールやパイロット・スケールで各種条件を決める実験や試作による評価を繰り返し行い、中味設計のアイデアを絞り込みます。これらの過程では、取り扱う原料が天然物素材や農産物の場合には、必要数量が年間を通して入手可能か、品質の変動幅や価格変動幅は許容できるかなどのさまざまな観点からの検証も同時に行います。

　例えば、ブラックコーヒーの開発事例における中味試作では、商品コンセプトから設定した中味イメージに合うように、コーヒー豆の品種選定とブレンド比率、コーヒー豆の焙煎条件、各豆の品質スペック、コーヒー豆の粉砕条件、抽出条件、中味スペックなどを決め、ラボ・スケールやパイロット・スケールで試作します。

　試作品について、狙った香味特徴が実現できているかどうかの確認を官能評価専門パネル（官能評価を行う人は所定の官能評価の訓練を行い、その後の官能パネル選抜テストに合格した感覚の鋭い人）も交えて評価します。中味の商品コンセプトとの合致性については、中味開発担当以外の商品開発関係者とも一緒に検証します。これら試作と検証を目標レベルが達成できるまで繰り返していきます。

　なお、コンセプト通りの中味が出来上がるまでは挫折の連続になることも多々あり、試作回数は数百回にも及ぶ場合がありますが、目標実現に向けて決して「諦めない」ことが商品開発を成功に導く秘訣ともいえます。

③　試作した中味の総合的な品質評価

　狙いとした香味特徴を実現した中味試作品について、商品としての品質上の問題がないかどうかを確認します。特に、設計した賞味期限（▷

下記④参照）までの品質安定性（保管に伴う香味の変質や濁りの発生など）に問題がないかどうかの評価は必須です。

さらに上述した官能評価専門パネルによる官能評価に加えて、ターゲットとしている消費者による官能評価も行い、狙った中味の香味特徴が消費者にも認識され、受け入れられるかどうかについての評価を行います。市場に他社の競合品がある場合には、試作品の中味はそれら競合品と差別化され、かつ優位性があるかなどを消費者調査により確認することも重要です。

④　**賞味期限の設定**

品質が変わらずにおいしく食べられる期限である賞味期限は、製品の保存性テストにより風味や外観の変化を確認し設定します。保存性に問題があることが確認された場合には、設計変更を余儀なくされます。なお、風味や外観品質の評価は、上記のような官能評価専門パネルによる官能検査と分析機器を使った検査により行います。

⑤　**知的財産化**

競合他社の追随を許さないようにするためには、開発した技術や新しい香味などの特許出願が重要となります。商品開発では、コンセプトに合った商品を開発することだけに注意を払うのではなく、開発した商品を模倣した他社商品の上市を防止し、狙った市場を独占できるような知的財産戦略の立案、実行が重要となります。

⑥　**新技術の導入による中味創造**

使用経験のない新規原料の採用、新しい原料加工技術の導入や開発、

新殺菌技術の導入などの新しい製造方法の検討が必要になった場合には、それらの検討に年単位の時間を要することもあります。また、新しい製造方法を導入する場合には、中味品質への影響だけではなく、安全性に及ぼす影響や新しい製造方法の工程の安定性などの多くの検証すべき事項があり、これら全てをクリアし、狙った中味を開発することは容易なことではありません。新しい技術を採用した商品開発に挑戦する場合には、しっかりとした開発計画を立案した上で実行に移さなければなりません。

⑦　中味開発の中止やペンディング

考えられるあらゆる検討を行ったとしてもコンセプト通りの中味品質の試作品ができなかった場合やコスト高や技術的な課題が解決できなかった場合、試作品の競合品に対する優位性が認められなかったなどの場合には、上市の時期を計画より遅らせて開発を継続するか、あるいは商品コンセプトそのものを断念するといった判断を下す必要があります。商品開発全体の開発コストをコントロールするために、適切な判断が求められます。

(3) 工場での製造に向けた工程設計

パイロット・スケールでの試作品の目途が立った時点で、実際の製造工場でも試作品と同じ中味を製造することができるかどうかを商品開発の担当者と工場の技術者と協働で検討します。

ブラックコーヒーの開発事例の場合には、使用する品種数のコーヒー豆の受け入れ体制の検討、中味試作で設定した製造条件と同等の製造条

件を工場製造で実現するためのプロセス設計、生産能力や欠減（製造プロセスにおける製造量の損失）の見込み量の評価などを行い、全体の製造工程を設計します。この段階で、自社工場での製造が不可能である、設備の追加や大幅なソフト変更などが必要である、あるいは製造能力が低すぎる、欠減量が多すぎる、他の商品製造への影響が大きすぎるといった課題が明確になった場合には、外部の協力企業への製造委託も視野に入れた検討を行います。製造を検討している新商品がヒットし、今後も毎年製造量が伸びていくという保証はないため、商品開発ではできる限り設備投資を避けるべきだからです。外部の協力企業を活用するメリットとしては、投資リスクの回避だけではなく、開発から商品化までのスピードアップや、製造量変動への対応力の向上などがあります。

　一方で、投資する製造関連設備が今回の新商品対応に限定して使用されるものではなく、今後も社内でコア技術化するために必要となる可能性もあるので、中長期的な商品開発の展望も議論した上で投資判断を行う必要があります。

　試作した中味と同じものを工場でも製造できるようにするためのスケールアップ技術については、第4章で詳細に述べます。

（4）中味コンセプトとおいしさの両立

　飲料の最大の価値は、「おいしさ」です。おいしさには、甘い、酸っぱい等の味やフルーティー、香ばしいといった香りによる「おいしさ」だけではなく、「喉の渇きが癒される」、「リラックスした気分になる」といった飲用時にもたらされる心身の満足感なども「おいしさ」に含まれます。

　これらの「おいしさ」を追求するためには、それらを定量的に評価する必要があり、一般的には官能評価法が用いられます（▷第２章第４節及び本章第１節の（５）参照）。ここで注意しなければならないのは、官能評価専門パネルにより、中味コンセプトに合った中味ができたと（評価されたと）しても、消費者に必ずしも「おいしい」と評価されるとは限りません。例えば、中味コンセプトが「キリっとした苦味で眠気解消」といった飲料の中味を開発し、消費者による評価でもコンセプト通りに苦みにより眠気は解消できるといったことが確認できたとしても、「おいしさ」の評価が良くないことがあります。消費者が商品コンセプトに魅力を感じ、実際に飲用してそのコンセプトに納得したとしても「おいしくない」と感じた場合には、２度め以降の継続購入は期待できません。継続購入してもらうためには、商品の「おいしさ」による満足感を満たす中味であることは欠かせません。中味コンセプトとおいしさの両立を追求することが非常に重要です。

（5）「おいしさ」を解析するための官能評価法

　飲食物の商品開発は、できる限り多くの消費者に「おいしい！」と思ってもらえる中味を開発することが重要です。そのためには、おいしいかおいしくないかの評価だけではなく、消費者がなぜその飲食物を「おいしい」と感じたのかを解析することも重要であり、まざまな官能評価方法が開発されてきました。

　おいしさの評価は、感覚の鋭い官能評価専門パネルや一般消費者による官能評価により行います。

　官能評価専門パネルによる基本的な飲料の官能評価方法としては、飲

む前の香り立ちを評価する方法、1口分を口に含んだ時に感じる味と香りの両方を評価する方法、口に含んでから飲み込んで香味の余韻が残っているまでの間に感じられる風味の変化を評価する方法があります。応用的な官能評価方法として、日常生活における実際の飲用シーン（例えば、風呂上がり時）で飲んでいる時に感じるおいしさを評価する方法や、食べ物を食べながら飲んでいる時に評価する方法などのいろいろな官能評価方法があります。

　また、飲料は通常複数回に分けて飲み干しますが、1口めの香味評価が重要な飲料や1口めと2口め、そして3口めで香味の感じ方はかなり異なる飲料もあります。そのような飲料の評価を行うためには、飲料の特性に合った解析的な官能評価方法を採用することが必要です。具体的には、1口飲みこんだ後に感じる風味の質的特徴の経時変化をできる限り詳細に評価する官能評価手法「TDS（Temporal Dominance of Sensations）」や、実際の飲用場面に近づけて複数回にわたって飲み込んで評価する手法「multi-sip TDS」などが開発されてきました。TDSでは1口めにまず感じる香味に関する感覚と飲み込んだ後の口腔内で感じる後味の苦味などの質的な香味特徴の経時的な変化の違いに関する情報、multi-sip TDSでは飲み進めていく過程で増加したり、減少したりと変化していく香味特徴に関する感覚など、従来の官能評価では得られない解析的で有益な情報が得られることから、中味開発にも使用されてきています。

　それぞれ特徴のある官能評価手法を目的に応じて適切に選択、もしくは組み合わせて使用することで、なぜ多くの消費者に「おいしい」と感じてもらえるのか、あるいは「おいしくない」と感じられるのかといった解析が可能となり、中味コンセプトとおいしさの両立に役立てることができます。

（６）機能性飲料の中味開発

　コーヒーのような嗜好性飲料の中味開発と異なり、「特定保健用食品（トクホ）」や「機能性表示食品」といった機能性飲料を開発、発売する場合には、その安全性および機能性に関する科学的根拠に関する情報などの消費者庁への届け出が必要となるといった特別なステップを伴います。以下に特定保健用食品の中味開発を中心に簡単に機能性飲料の開発ステップについて記載しました。

◇ **商品コンセプトの立案**　日頃より健康、疾病、死因などに関する最新の情報をキャッチアップしながら、消費者の健康上の潜在ニーズを探り、どのような予防的な機能、効果を持った商品を開発していくべきかについての検討を行い、商品コンセプトを立案していきます。

◇ **機能性素材の探索**　健康上のニーズ、そして商品コンセプトが決まれば、そのニーズを満たす原料となる機能性素材の候補を探索していきます。最近では健康市場における企業間での競争が激しくなってきており、日頃からの機能性素材に関する情報収集活動（素材メーカーからの情報、論文などの学術情報、学会で発表される最新情報など）と独自素材を探索する研究活動が重要になってきています。なお、それら活動に基づいた会社独自の機能性素材リストを日頃から作成しておくことにより、商品開発スピードアップが可能となります。

　機能性素材の選定の際には、狙った機能性があることはもとより、添加した機能性素材の影響により飲料のおいしさが損なわれないように注意を払う必要があります。予防目的のこれら飲料は、日常生活の

中で毎日無理することなく継続的に飲用することが求められるため、嗜好性飲料としての側面も考慮する必要があります。

◇ **機能性素材の安全性評価と作用機序**　新しい機能性素材を使用する場合には、飲料中での溶解性の確認や人の健康への影響の観点で各種安全性試験などによるリスク評価を行い、人の健康に悪影響がないことを保証する必要があります。

　さらに、トクホの申請には、得られた有効性に関するメカニズムを明らかにする必要があります。例えば、有効性関与成分の体内動態評価による作用メカニズムの解明などが必要になります。

◇ **トクホの中味試作と評価**　候補素材そのものに安全性を含む品質保証上の問題がないことを確認した後に、その素材を使用した試作品を作製し、その素材がベースとする飲料の香味に及ぼす影響を官能評価で確認します。そしてヒト試験で安全性、有効性に関する評価を行い、安全で、おいしく、かつ期待した効果を得られるかどうかを検証していきます。

◇ **トクホの許可申請**　トクホとしての許可を得るためには、消費者庁への申請が必要であり、そのための書類づくりを行う必要があります。申請には、消費者の健康維持・増進にどう役立つかという商品の意義、有効性と安全性を示す根拠データ、飲料の製造方法、品質保証・品質管理の方法、製造工場の情報など多岐にわたる内容の書類を準備、提出し、国の審査を受けます。許可までに相当な年数がかかる場合があることから、商品開発計画を立案する際には注意が必要です。

　一方で、機能性表示食品は特定保健用食品と異なり、国が審査を行っておらず、事業者の責任において科学的根拠に基づいた機能性を表示した食品で、特定保健用食品より上市しやすくなっています（▷第3章第3節参照）。

（7）法令遵守などの確認

　商品化にあたっては、既存商品と同様に社内における各種の規格の設定（原料、工程使用材、包材、製品など）と遵守、表示内容の法令遵守（原料、添加物、栄養成分、アレルゲン、消費期限、原産地などに関する食品表示法の順守）などが新商品においても漏れや抜けなく遵守できている中味であることを確認する必要があります。

　新しい価値をもった新商品の開発においては、その価値を賞味期限（あるいは、消費期限）まで保証できているか、そして法令が遵守されているかといったことを確認するために、新しい分析機器の導入や分析方法の開発が必要となってくる場合もあります。例えば、アルコール度数0.00％の商品の開発を検討しているのであれば、それが保証できる分析体制を構築する必要があります。機能性成分の所定量を飲料に含有させた機能性表示飲料を開発した場合には、その機能性成分の定量法を確立し、製造時の成分含有量の保証だけではなく、賞味期限までの間はその成分含量が規格値以上含有されていることを保証する必要があります。

　以下に具体的な中味開発の事例（オールフリーと金麦）について記載しました。

開発ノート ③ 「オールフリー」の中味開発

❖ 中味コンセプト

　ビールとして販売するためには、アルコール度数が1％以上であることが酒税法上で決められています。カロリーゼロ表示をするためには、100mℓあたり5kcal/未満であることが食品表示法で決められていますが、アルコール1％につき約7kcal/100mlのカロリーが含まれることから、ビールのカロリーは必然的に約7kcal以上/100mlとなり、カロリーゼロ表示のビールを開発することはできません。しかしながら、アルコール分がなくてもビールと同等の味わいや喉越し、爽快感のある中味（＝ビールテイスト飲料）を開発することができれば、カロリーゼロ表示が可能となります。カロリーゼロ表示の飲料であれば、カロリーを気にしているビールの味わいが好きな消費者が、ストレスなくビールテイストを楽しめます。

　サントリーがカロリーゼロのビールテイスト飲料の開発を開始した当初は、アルコール度数が0.00％で「酔わないこと」を商品コンセプト（価値）にした飲料を発売していました。オールフリーでは、商品コンセプト（価値）は、「酔わないこと」に加えて「カロリーゼロ・糖質ゼロ」とし（▷第2章第1節・第2節参照）、中味コンセプトはビールテイスト飲料でありながらも「ビールならではのおいしさ」として商品開発を行いました。

❖ 中味開発

　「オールフリー」の中味開発では、商品コンセプトと中味コンセプトである「カロリーゼロ」と「ビールならではのおいしさ」の両立にこだわりました。一般的に飲食物のカロリーを低減するとそれら本来のおいしさが損なわれることが知られており、カロリーゼロ表示の中味でどのようにしておいしさを実現するのかといった検討が必要になります。また、アルコール飲料の場合には、アルコールによる酔いのおいしさへの影響も併せて検

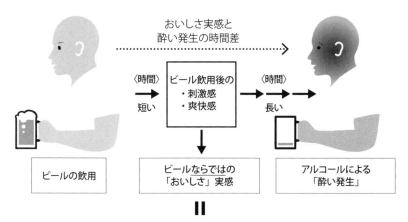

おいしさ実感と
酔い発生の時間差

〈時間〉　　ビール飲用後の　　〈時間〉
短い　　　・刺激感　　　　長い
　　　　　・爽快感

ビールの飲用　　ビールならではの　　アルコールによる
　　　　　　　　「おいしさ」実感　　「酔い発生」

ビール原料（麦芽・ホップ）
の使用

図2　　ビールテイスト飲料のおいしさ実現
出所：筆者作成。

討する必要があります。そこでまず、アルコールが入っていない飲料でビールならではのおいしさを実現できるのかといった可能性について検討しました。

　アルコール飲料の摂取から「酔い」を感じるまでの時間には個人差がありますが、アルコールの吸収、代謝による「酔い」のメカニズムから考えて、ビールを飲める人は喉を通過した直後に「酔い」を感じることはありません。一方で、ビールを飲んだ直後には、ビールの刺激感や爽快感を感じることができ、ビールならではのおいしさを実感できます。すなわち、ビールを飲用した直後に感じるビールならではのおいしさは、アルコールによる「酔い」がなくても実現できると考えました（**図2**）。

　通常の清涼飲料水の製造で使用する原料類を用いることによって、カロリーゼロ表示でビール特有の香味を実現することは難しいと判断し、ビールの原料である麦芽とホップを使用し、ビールと同じ仕込を行って麦汁を製造することにこだわりました。ビールならではの味わいのある中味の実現に向け、かなりの数の試作を繰り返し、「オールフリー」ブ

ランドとして上市にこぎつけました。

　狙った商品コンセプトと中味コンセプトを実現した商品はビール好きの消費者にすぐに受け入れられ、ビールテイスト飲料のトップブランドになりました。

開発ノート　④　「金麦」の中味開発

❖　中味コンセプト

　金麦の開発当時、「第3のビール」のトップブランドに君臨していたのは、ビールの主原料である麦芽を原料に全く使用せずに造られた商品でした。その商品に対抗するために、サントリーが考えた「第3のビール」の新商品の中味コンセプトは「麦芽を使用することにより実現できるビールならではのおいしさ（味わい、喉越し）」とし、ビールのおいしさ実現に必須である麦芽を酒税法上で許される範囲内で駆使することで、実現することとしました。

❖　中味開発

　ビールと区別できないおいしさのを実現を目標とし、原料の品質にこだわり抜きました。原料に麦芽を単に使用するだけではなく、麦芽由来の旨味を強化するために使用する麦芽の一部に、麦芽の産地と品質スペックにこだわった「旨味麦芽」と命名した麦芽を使用しました。もう一つのビールならではの主要原料であるホップ由来の香りにもこだわり、その品種の選定とそれらのスペック、配合、そして仕込工程におけるホップの使い方についての検討を行いました。さらに、ビールらしさを醸し出すために使用する酵母と発酵方法にもこだわった中味開発を行い、「金麦」ブランドとして上市しました。

　「金麦」は、価格の安い第3のビールであるにも関わらずビールと同等

のおいしさがある商品として消費者に支持され、第３のビールのトップ
ブランドになりました。

2 消費者との最初の接点となる「パッケージ開発」

　消費者との最初の接点としてコミュニケーションツールとなるのが商
品パッケージであり、パッケージ開発は重要な商品開発プロセスの一つ
です。しかしながら、一般的に容器（缶、ペットボトル等）や包装（ラベル、
段ボール等）の開発も含めた全ての商品開発プロセスを自社で行う企業
は少なく、容器・包装メーカーと連携してパッケージングの開発を進め
ることにより、商品開発のスピード、品質レベルを高めているのが実情
です。したがって、容器・包装メーカー任せにならないように注意して
開発を進める必要があります。

（1）容器品質の基本的な検討

　開発した中味液の特性を考慮した容器の素材、形状、強度などの基本
特性の検討が必要です。例えば、炭酸飲料の場合の容器強度は、炭酸含
有量のスペックに適した強度設計が必要となります。
　飲料用容器に要求される基本的な品質を以下に示しました。

　　密封性、中味の品質保持性（酸素透過性、内面コーティングからの有
　　機成分の溶出やフレーバー成分の吸着など）、ホット飲料対応の耐熱性、
　　適切な強度と安全性、中味液の漏出に繋がる容器腐食性、流通性、店

Column ❺　消費者が発する「おいしい！」の曖昧性

● ●

　ある人が「おいしい！」と言った飲食物を他の人が「まずい」と言うこ
とはよくあります。なぜでしょうか？

　人は味覚により、甘く感じるとポジティブな評価、苦みや酸っぱさを感
じるとネガティブな評価を下すことが一般的には知られています（なかに
は、「甘味が嫌い」、「苦味が好き」といった人もまれに存在しますが。）一方、
嗅覚で感じる匂いの好みは過去からの各人の飲食経験によって大きく影響
を受けるため、人によって好き嫌いが大きく異なることが知られています。
飲食物の好き嫌いは、嗅覚を通して感じた匂いの影響を大きく受けるため、
結果として飲食物のおいしさの評価は、上記のように人によってバラバラ
になりがちです。ちなみに、鼻をつまんで匂いを感じないようにして飲食
すると飲食物のおいしさを感じにくくなり、おいしさ評価はバラバラにな
りにくくなります。

　また、おいしさの判断は、消費者が飲食するまでのプロセスにも影響を
大きく受けます。例えば、非常にお腹が空いた時に飲食した時にはどうで
しょうか？　嫌いなものでなければ、何でもおいしく感じるでしょう。逆
に、お腹がいっぱいな時であれば、好きなものでもおいしく感じないかも
しれません。非常に高価なワインと希少部位で手に入りにくく高額なお肉
であるといった情報が頭にインプットされた状態で、それらを飲食した時
はどう感じるでしょうか？「これまでに味わったことのないおいしさだ！」
と感動するでしょう。

　では、雑誌で評判でお店に行き、行列に60分間並んでようやく飲食し
た時に、そのおいしさについてどう感じるでしょうか？ある人達が「おい
しい！」とSNSなどで発信したことによってできた行列であった場合には、
その評価がその人達の偏った食経験によるものであったとしたら、自分に
とっておいしいかどうかは怪しくなり、「まずい！」と感じるかもしれませ
ん。また「60分も並んだのでおいしいはずだ！」期待を大きく膨らま
せ過ぎると、実際に食べてみて期待したほどではなかった場合には、おい
しく感じにくくなることもあるので注意が必要です。消費者が発する「お
いしい！」情報を信用し過ぎないようにしましょう。

頭での陳列性、自動販売機適性など。

　これらの容器の基本的な品質を向上させるような技術開発も行っていくことも重要です。そして、中味開発と同様に、商品開発過程で開発した包材・包装技術についても知的財産権の取得を検討することが重要です。

　以下に包材・包装の基本的な機能の一つである品質保持性を改善、向上した事例を示しました。

◇ DLC（Diamond-Like Carbon）コーティング技術
　PET ボトルの内壁に DLC コーティング（炭素の薄膜を形成）することにより生まれるガスバリア特性により、PET ボトルの酸素や炭酸ガス、香気成分の透過を抑える技術です。飲料の品質劣化を抑えることはもちろん、飲料に酸化防止剤等の添加を低減することができる。[1]

◇ 機能性フィルム複合型 PET ボトル（COMPLEX BOTTLE）
　PET プリフォームに外層フィルムを装着し一体ブロー成形することで、ボトル表面の形状に沿ってフィルムが密着被覆し、遮光性を改善したボトルです。外層フィルムを多層化することで、通常の PET 単層ボトルに酸素バリア性の付与が可能である。[2]

1　キリンホールディングス（株）のウェブサイトより。
2　大日本印刷（株）のウェブサイトより。

（２）機能性（利便性）の検討

　商品コンセプトとの整合性や新商品のターゲットとしている消費者の飲食スタイルを想定し、開発ターゲットの飲料の飲用場面に最もふさわしいと考えられる容器材質、容量、重量、形状、ハンドリング性などを検討します。例えば、家庭内での飲用を想定した場合には大型のペットボトルを、カバンに入れて持ち歩く場合には小容量のペットボトルでの商品化を検討します。

　飲料用の容器や包装に要求される機能性（利便性）を以下に示しました。

　　持ちやすい、開けやすい、リサイクルしやすい（「ボトル to ボトル」など）、ユニバーサルデザイン、軽量化、注ぎやすい、重ねやすい、保管しやすい、廃棄しやすい、汚れ難い、表示が見やすい、流通性など。

（３）デザイン性の検討

　中味の香味や機能性が同じでもパッケージングデザインによって売上げが大きく影響されることもあります。商品コンセプトに合致したデザインであることが重要です。

　容器のデザインに要求される事項の例を以下に示しました。

　　商品コンセプトのメッセージ性、ターゲット層に好まれるデザイン、新商品の香味や機能などの品質特性情報や消費者が知りたい情報の見やすさ、高級感、流行に合わせるなど。

　以下にパッケージングデザインにより商品価値を向上している事例を
示しました。

　◇ COMPLEX BOTTLE によるデザイン性の向上

　　プリフォームと外層フィルムを一体ブロー成形することにより、
ボトル表面に細かい凸凹形状に追随した微細な形状表現が可能とな
り、店頭で目を引く高いデザイン性を付与できる[3]。

　◇ カップのデザイン性による商品力の向上

　　スターバックスなどで販売されている煎れ立てのコーヒーは、そ
の香味だけではなく、使用されているデザイン性のあるカップによ
り新鮮さやおしゃれ感、楽しさを感じさせている。

（4）SDGs への取り組み

　地球規模での環境問題が社会課題化する中、人間社会の持続可能な発
展に役立つ環境に配慮した包材を開発することにより商品価値を高める
ことも可能になってきています。環境負荷が少ないパッケージや中味の
保存可能期間を延長できるパッケージなどにより、SDGs の目標達成に
向けて貢献できる新しいパッケージの採用が重要になってきています（▷
第 6 章参照）。

　以上のようなパッケージの基本的な品質、機能を向上させていくとと
もに、第 2 章第 4 節に記載した商品価値を高める技術を導入した容器・

3　大日本印刷（株）のウェブサイトより。

包装の採用も併せて検討し、最終的なパッケージを決めていきます。ただし、利便性やデザイン性が優れていても容器そのものの原価が高ければ、利益率を大きく下げてしまうことにも留意する必要があります。

3 価値を守る「品質設計」

品質には、「当たり前品質」と「魅力的品質」があり（ウィキペディアの「狩野モデル」の項目より）、後者は「価値品質」ともいえます。それら両者ともに消費者の期待を満たすためにも大切なものです。当たり前品質とは、消費者が「あって当たり前」と思う品質ですので、例えば、中味液が変敗していたり、容器に微小な穴が空いていて液漏れが発生したりすることがない当たり前の品質をさします。一方で、魅力的品質とは、あるとうれしく、数ある中でこの商品を選んで良かったと感じてもらえる品質です。

商品開発では、当たり前品質に万全を期すと共に競合他社商品と魅力的品質で差別化できていることが重要ですが、その差別化した品質に魅力を感じるかどうかは人によって異なります。例えば、飲料の容器の軽量化は年配者にとっては魅力的品質ですが、力のある若者にとってはさほど魅力的品質とは言えません。サステナビリティを考慮して製造された包装容器を使用した飲料は、環境問題に関心のある高い人にとっては魅力的品質になります。

競争力のある新商品を開発するためには、当たり前品質はもちろんのこと、ターゲットとする消費者に魅力的品質をしっかりと訴求できる品質を設計することが重要です。そして、ブランド力を向上させ、消費者及び社会から信頼される企業になるためには、それら両方の品質設計に

万全を期し、商品の価値を守ることが極めて重要です。以下に品質設計を万全にするために必要なことを記載しました。

（1）中味の品質保証設計

①　品質を保証するための原料選定

　食品の場合には、開発した商品が法規を遵守した原料と製造方法で製造された安全、安心なものであることが保証されていることが大前提となります。新規原材料（原料、食品添加物、保存料や工程使用材など）を使用する場合には、それらの安全性や食品衛生法など国内の関連法規制への適合性を確認する必要があります。例えば、アレルギー物質については、食品表示法に従い表示を行わねばなりません。原料への残留農薬についても厚生労働省が定める食品中の残留農薬等に関するポジティブリスト制度[4]に対応する必要があります。遺伝子組換え農産物とこれを原料とする加工食品の使用と商品への表示に関しては、国内の関連法規に従う必要があります。海外では普通に使用されている原料であっても、日本の法規を守れていないために日本国内では使用できない原料もあることから注意が必要です。

②　品質を保証するための中味設計

　工場から出荷された商品は、出荷時の品質だけではなく、消費者が使用（飲用）するまでその品質を保持する必要があります。賞味期間内は

4　すべての農薬等について、残留基準を設定し、規準を超えて農薬等が残留する食品中の販売等を原則禁止する制度。

食品のおいしさも保証しなければなりません。したがって、保管に伴う微生物による変敗防止は言うまでもなく、製造後の保管に伴う食品成分同士の反応や酸化反応、光による反応の進行による香味の変化を抑制する中味設計が求められます。

　微生物の増殖のしやすさは中味液の性質によってかなり異なるため、香味品質への影響を考慮しながら微生物が増殖しにくい中味液の設計を行う必要があります（pH や中味成分の調整など）。

　中味液と容器内面との反応や吸着により、中味の変質が起こる可能性もあることから、包装容器の内面に関する情報を入手し、そのような問題が発生しないことを確認する必要があります。万一問題が認められた場合には、中味設計の見直し、場合によっては容器設計の変更が必要となります。

③　品質保証のための製造プロセス設計

　最終商品の中味の品質保証を行うためには、原料の品質保証や中味設計に加えて、製造プロセスの設計が必要です。最終商品の中味品質保証として異物の混入防止は言わずもがなですが、特に重要なのは香味と微生物、そして機能性飲料などの場合には機能性成分含量に関する品質保証であり、それら品質保証を考慮した製造プロセスの設計が必要です。

◇ **香味成分の品質保証**　味や香りに影響を及ぼす成分は、製造プロセスにおいて原料から抽出されたり、原料由来の成分の反応や分解などにより生成されたりして、中味の香味が形成されてきます。狙いとする香味を実現するために、それらプロセスを制御するための工程設計（各プロセスの温度や時間など）を行います。例えば、殺菌のような加温プロ

セスがある場合には熱負荷による香味への影響が大きくなります。殺菌以外の製造工程では、必要最小限の熱負荷となるようなプロセス設計が重要となります。中味への熱負荷を避けるために熱負荷のかからない新しい殺菌技術も開発されています。香味に直接影響を及ぼす香料に関しては、最終製品に所定量の香料が確実に添加されるような工程設計が必要です。各製造プロセスが工程設計通りに確実に進んでいることを確認することにより香味成分の品質保証が可能となります。

◇ **微生物に関する品質保証**　商品の保管に伴う微生物増殖による変敗を発生させないためには、上述したような中味設計に加えて微生物を御御するための工程設計が必要です。微生物は、主に使用する原料や容器、キャップ、そして製造設備、製造する環境などから持ち込まれる可能性があるため、製造工程における微生物の管理が重要になります。これらの関連プロセスからの微生物の混入量が想定量を大幅に超えた場合には、設計した中味や殺菌の条件での微生物の制御ができなくなり、結果的に変敗などの品質不良の発生につながる可能性があります。そのような事態に陥らないようにするために、使用する原料、容器、キャップ、製造設備や製造環境、そして中味液などの殺菌方法や殺菌条件を決定すると共に、それらの微生物品質に関する規格を設定し、微生物に関する品質保証を行います。

◇ **機能性成分含量に関する品質保証**　健康食品では、賞味期限内において所定量の機能性成分が含有されていることが保証されなければなりません。そのために必要な機能性成分含量を中味製造時に保証する必要があります。そして機能性成分の添加量の保証に加えて、実際の商

品内の含有量についても化学分析により保証する必要があります。

（2）容器・包装の品質保証設計

① 新規の容器・包装採用における品質保証設計

　新規のパッケージを採用する必要がある場合には、容器素材の選定から容器・包装形状の設計、容器への中味充填、キャッピングまでのすべてのプロセスで想定されるリスク、法律への適合性と安全性などを包材メーカーと協力して検討し、品質を保証していきます。

　特に、包装容器の内面から商品の中味への成分溶出は、中味液の性質にも依存するため食品衛生法上や安全性上などで問題となることがないように注意深く分析、評価します。また、中味液の特徴によっては、中味液の成分が包装容器の内面に吸着されて香味が経時的に変化することも考えられるので、賞味期間内の香味の品質保証に対する注意も必要です。

　ペットボトル容器などでは、製造後に徐々に酸素や光が容器側面を通過し、中味の性質によっては中味品質に大きな影響を及ぼす可能性があります。それらの影響について分析、評価し、問題があると判断されれば、容器の変更や場合によっては中味設計の変更を検討しなければなりません。

　微生物の品質保証に関しては、上述した容器そのものからの微生物の混入防止に加えて、シーリング部の密封性に関する規格値を設けた管理が必要となります。密封性が悪いと中味液の温度変化に伴った体積変化により、市場で中味液の漏出や微生物の容器内侵入が発生し、品質トラブルにつながります。

外装品質に関しては、店頭で陳列された新商品のラベルや容器が変形、損傷しているといった状況が発生することがないように、新しい容器・包装を採用した場合にはその製造ラインや流通プロセスへの適合性を確認する必要があります。それらへの適合性に問題があり、変形や破損による製品ロスが発生しやすい場合には、製造設備や工程条件の再調整を行います。それでも問題が解消しない場合には、今回採用しようとした新しい容器・包装の再設計が必要となります。

②　ユーザビリティの品質保証

容器の重量、物理的強度、開栓性や再栓性（リシール性）などのユーザビリティに関する品質規格の設定と各種検査による品質保証を行います。例えば、ペットボトルのキャップの開けやすさや包装ラベルの剥がしやすさ、缶の開けやすさなどについては、ユーザーテストが必要です。また、流通における搬送性、自動販売機や販売棚への適応性などの流通特性に対応した容器の品質保証にも万全を期す必要があります。

（3）取引先の品質監査

原料や容器・包装は、一般的には食品企業による自社製造ではなく、それらを製造している企業から購買することが多いのが実情です。それら購買したものの品質が最終商品の品質にも直接的な影響を及ぼすことから、それら購買物の品質保証にも万全を期する必要があります。

購買物の品質は、日常的には工場への受け入れ時に製造元からの品質保証書を確認するとともに、工場でも受け入れ検査を行うことにより保証します。品質保証レベルをさらに向上するためには、発注する相手先

企業の工場に出向き、製造現場の視察や品質保証システムについての確認といった品質監査を行うことが重要です（▷第5章第3節参照）。品質監査を行うことにより、供給企業の製品であっても品質不良がなく、自社での品質保証基準に適合したものを購買することが可能となり、最終商品の品質保証レベルが向上します。開発しようとしている新商品の価値が使用原料の希少性や容器の特別仕様などに基づく場合には、それらの供給企業では日常的には製造していないものに価値創出が依存することにもなります。購買したものの価値がしっかりと担保され、品質保証にも万全が期されていることを工場監査で確認することは非常に重要となります。

　取引開始前の品質監査で問題点が発見された場合には、相手先企業とその問題点の改善に向けた議論を行い、改善が実行された時点で取引開始となります。原料や容器・包装の品質監査を新規採用時だけではなく定期的に行うことにより、購入品の品質不良率、ひいては最終製品の不良率を下げることにつなげることができます。

（4）品質表示

　中味の品質保証に加えて、商品への表示事項についても注意を払う必要があります。消費者に認知、理解されやすいように表示方法も法律で詳細に決められており、遵守して表示する必要があります。食品を摂取する際の安全性及び消費者の自主的かつ合理的な食品選択の機会を確保するために食品表示法、景品表示法、計量法などが制定されています。

---

5 「品質管理が決められたとおりに確実に実行されているか」を客観的に確認すること。

食品の表示項目には、原材料名、原産地、内容量、栄養成分などがありますが、その他に以下に記載した商品の安心安全に直接関係する表示項目もあり、商品開発を行うにあたって適切に対応する必要があります。

①　食品期限の表示──消費期限と賞味期限

食品の期限を規定するものとして、「消費期限」と「賞味期限」があります。消費期限や賞味期限の設定は、食品等の特性に応じた品質変化の要因や製造時の衛生管理の状態、容器包装の形態、流通保存状態等の諸要素を勘案して科学的、合理的に行います。

◇ **消費期限**　定められた方法により保存した場合において、腐敗、変敗その他の品質の劣化に伴い安全性を欠くこととなる恐れがないと認められる期限を示す年月日をいいます。品質が急速に劣化しやすい食品に表示し、安心して食べられる期間を意味します。「消費期限」を過ぎた食品は食べないようにすべきです。

◇ **賞味期限**　定められた方法により保存した場合において、期待される全ての品質の保持が十分に可能であると認められる期限を示す年月日（３か月以上は年月）をいいます。品質の劣化が比較的緩やかな食品に表示し、おいしく食べられる期間を意味します。「賞味期限」を過ぎた食品であっても、必ずしもすぐに食べられなくなるわけではありません。

②　健康を維持促進することを表す表示──保健機能食品

現在の市場において、実際に商品に機能性を表示できるのは、「保健機能食品」といわれるもので、「栄養機能食品」「機能性表示食品」「特

表 1　保健機能食品

栄養機能食品	科学的根拠が確認された栄養成分（ビタミン、ミネラル）を定められた基準量含む食品。国への許可申請や届出の必要はなく、注意喚起表示等も表示と併せて、国が定めた表現によって機能性を表示することができる。低い開発経費と短い開発期間で機能性の表示が可能な商品開発ができる。
機能性表示食品	事業者の責任において、科学的根拠に基づいた機能性を表示した食品。販売前に安全性及び機能性の根拠に関する情報などの消費者庁長官へ届け出が必要だが、消費者庁長官の個別の許可を受けたものではない。
特定保健用食品 （トクホ）	食品の製品ごとに健康増進の有効性や安全性について国の審査を受け、表示について消費者庁の許可を受ける必要がある食品。長期の臨床試験期間での臨床データが必要であり、数千万円から時には、数億円といわれる高額な開発経費が必要となる場合がある。

出所：筆者作成。

定保健用食品」に分類されます（**表1**）。これらの表示にあたっては、**表1**に記載した要件を満たす必要があります。

③　食べると身体の変調をきたす方への注意喚起表示──アレルゲン

アレルギー表示については、表示の義務がある7品目の「特定原材料」と、表示が推奨されている20品目の「特定原材料に準ずるもの」があるので、使用する原料に関して表示の要否の確認が必要です。これらは固定されたものではなく、必要に応じて特定原材料などアレルギー表示制度の見直しがされるため注意が必要です。酒類には、特定原材料を使っていても表示義務はありませんが、安心安全の観点からは表示することが望ましいといえます。

④　宗教上に食べることを忌避すべき注意喚起表示──ハラール

イスラム教徒の食べるものは、イスラム法において合法的なものである「ハラール」である必要があります。食品をイスラム教の国々に輸出

する場合には、相手国からこの表示を求められることがあります。ハラール認証機関から認証される必要があります。

⑤　景品表示法の遵守

　景品表示法は、不当な表示と過大な景品類の提供を禁止しています。商品パッケージに記載されたキャッチフレーズなどの文言も表示の一つですが、消費者の興味を引こうとするあまり過剰な表現となりがちです。例えば、無果汁清涼飲料の事例をあげると、原材料に果汁等が全く使用されていない旨を明瞭に記載することなく、飲料のパッケージに果実の絵が掲載されている場合には不当表示となります。

　商品化にあたって表示する内容に関しては、消費者に優良誤認されることなく正しい情報を表記し、表記した場合には、その表示内容が正しいことを証明する根拠となる情報を必ず記録し、表示違反が発生しないように管理することが必要です。

⑥　表示の適切性

　商品への表示は、その関連法規だけではなく、酒類業組合法などや業界の自主基準、会社独自の基準を遵守しているかの確認を行います。消費者に誤認や誤解を与えることなく、わかりやすくて正確な表現になっているかといった消費者視点も加えた確認が必要です。

4 利益を生む「コスト設計」

　プライシング（価格をつけること）は、売上げアップ、利益アップ、市場シェアの維持・拡大、競合品との競争力アップ、そして投資回収など

に影響するために、商品開発戦略上で重要なポイントになります。そのプライシングの前提となるのが商品の製造コスト（製造原価）であり、商品開発においてコスト設計は重要なものとなります。

（1）プライシング

　プライシングは通常、商品の原価、消費者ニーズの大きさ、競合品の状況、そしてブランド力といった点を考慮して行います。世の中にない新しい価値をもった新商品を開発した場合、競合品がなく、ある一定の需要が確実に見込まれ、かつブランド力がある場合は、製造コストに対して強気の利益率を上乗せして販売価格を決めることができます。一方で、既に先行する競合品が市場にある場合には、同一価格に設定することが無難ではありますが、ブランド力がない場合には目標とする売上げを達成するための施策を併せて考える必要があります。逆にブランド力が強ければ、競合品より高い価格を設定することにより利益率を高くすることも可能です。一方で、低い価格設定で多くの消費者の興味をひき、マーケットシェアを拡大するといった戦略も考えることができます。

　このようにプライシングは市場環境、ブランド力、マーケティング戦略などを考慮して行う必要がありますが、商品の「製造原価」に関してはできる限り低い原価で商品化できるように、商品開発プロセスでさまざまな検討を行っておくことが重要です。

（2）コスト設計

　新商品は、事業を継続的に拡大、発展させていくことに貢献すること

が期待されているため、開発時のコスト設計の検討が重要になります。設計時にコストを下げるためには、VE（Value Engineering：商品価値＝機能÷コストと定義し、商品の価値を高める手法）の手法などを用いて、その商品が提供する「機能」をいかにしてコストを下げて実現するかを徹底的に検討することが重要です。商品開発の段階でのコスト面での検討が不十分なままに商品化を進めてしまうと原価率が高い商品となる可能性が高くなり、結果的に商品化プロセスの最終段階でコストの見直しを余儀なくされることもありえます。そのような事態に陥ると、新商品の発売日を延期したり、コスト面で妥協したりせざるをえなくなるかもしれません。いくら良い商品であっても余程の特別な理由がない限り、赤字を出してまで売り続けることはできないからです。

①　コスト設計の進め方

　商品を開発する際に、開発当初からコスト面での制約を加えるとアイデアを出す際の創造性を抑えることになりかねません。特に、まだ世の中にない新しい価値をもった新商品を開発する際には、まずはコスト制約を外して検討すべきです。具体的なさまざまなアイデアが出てきた段階でコスト面での検討を加え、コスト的に現実的なアイデアか、コストを低減する方策はないのかといった点もアイデアを絞るための一つの要件とします。新商品そのものの価値が類似の競合商品と比較して消費者からの評価が高くても、製造コストが高いために商品価格が競合商品より高くせざるをえなくなった場合には競争力を失います。

　一方で、既存品のリニューアル商品の開発の場合には、あらかじめコスト制約を設けて商品開発を行うことで確実に利益のでる商品に仕上げることができます。コストダウンを目的としたリニューアルも商品戦略

上はありえます。

②　上市後のコスト改善

　コスト設計は上記のような基本的な考え方で行うべきですが、現実的には競合する企業との開発スピード競争の関係で、結果的に製造原価が計画当初より高くなることがあります。例えば、新商品開発期間を短縮せざるをえないためにコストの検討が不十分になったり、競合商品と差別化するために高価な原料を使用せざるをえなくなったりする場合があります。そのような状況下では、発売当初は利益がほとんど出ないことを承知の上で発売することになります。そのような場合には、商品の価格的な競争力を高めるために発売開始後にも継続してコスト低減策の検討を続けることが重要です。

　一方で、既存商品であっても競合品の出現による売上げの減少や外部環境の変化による原料や容器・包装の価格変動があった場合には、コスト設計を見直すべきです。発売後のコストダウンの施策としては、使用原料の産地やスペックの見直し、製造工程の再設計による製造時間の短縮や製造ロスの低減、容器・包装のスペックの見直しや容器・包装メーカーの変更等が検討候補として挙げられます。しかしながら、コストダウンの実施により商品の品質が下がることは決して許されないので、商品化後にコストダウンを検討する場合には困難を極めることも多く、限界があります。開発時におけるコスト設計の段階で、製造原価低減のための施策に精力的に取り組んでおくことが肝要と言えます。

③　コモディティ化と価格

　最近の市場では多大な労力のもと開発した商品であってもすぐにコモ

ディティ化してしまい、価格競争の結果として実売価格が希望小売価格より低くなり、利益率が低くなることがよく見受けられます。そのような状況に陥らないようにするために、競争力のあるコスト設計を実現するための技術開発とその知的財産化を進めるなどの取り組みが重要となります。

　最善のコスト設計に基づいて開発された商品であれば、目標とする売上げ、利益、市場シェアなどの達成に向けた戦略的なプライシングが可能となります。

5 購入の手がかりをつくる 「商品名とデザイン、ブランド」

　本章第2節にて述べたように、飲料を想定した商品の場合に、消費者が商品を購入する際の最初の接点となるのは商品パッケージであり、そのデザインとともにその一部でもある商品名、会社名やロゴも重要なコミュニケーションツールの一つとなります。そしてそれらは、良かれ悪しかれ消費者にその商品のブランドを認識させることにつながります。商品開発においてネーミングとパッケージデザイン、ブランディングは、中味開発、パッケージ開発とともにヒット商品を開発する上で重要な役割を担っています。

（1）商品名とデザイン

　商品パッケージに記載される商品名とデザインは、商品を見た瞬間の

---

6 市場参入時には他商品にない高付加価値を持っていた商品が、時間の経過とともにその類似製品が市場に溢れ出すことで商品の市場価値が低下し、一般的な商品になること。

わずかな時間で消費者に認知され、購入する価値があるかどうかの判断に使われるとともに、再度購入する際の商品の手がかりとして記憶に残す役割を担っています。商品名とデザインを統一的に融合させたパッケージデザインは、商品価値の消費者に対する伝達力が増し、競争力の高い商品となります。

① ネーミング

　ネーミングの原点は、商品コンセプトです。メーカー企業が訴求したい商品コンセプトをターゲットに連想させるネーミングであることが重要です。「短くて、口にしやすく、わかりやすく、覚えやすい」ことが備わっているネーミングは、ヒットにつながりやすいと言われています。したがって、ネーミングを検討する際には、まずは商品コンセプトの中から最も訴求したいポイントが消費者にイメージされやすいキーワードを抽出し、それらのキーワードを組み合わせたり、言いやすく親しみやすいように言葉を短縮形にしたりしながら考えます。同様のコンセプトの競合他社製品のネーミングとの関係性も考慮する必要があります。ネーミングは出来上がってしまえば簡単なようにみえますが、実際に考案することは難しく、その道のプロフェッショナルに依頼することも考えるべきです。最終的には、考えられたネーミング案をネーミング調査（▷本章第7節参照）にかけて正式に決定します。なお、調査の前にはネーミング案が商標登録されていないかといったチェックは必須となります。商品名とともにキャッチフレーズなどの記載事項も同時に考えますが、パッケージにある商品表示事項については、関連法規違反にならないよう細心の注意を払う必要があります。

　以上のポイントを押さえたネーミングの例として、サントリー食品イン

ターナショナル㈱の緑茶「伊右衛門」やアサヒビール㈱の「スーパードライ」などがあります。「伊右衛門」は、京都の老舗茶舗である株式会社福寿園とサントリー食品インターナショナル㈱の共同開発で、福寿園の創業者の名前が「福井伊右衛門」だったことに由来します。「スーパードライ」は、従来のビールにはなかった味わいである辛口が特徴であることをドライと表記することでその味わいを訴求したネーミングです。これらは、消費者に商品の訴求点が理解しやすいネーミングであり、ロングセラーの商品として成功している要因の一つとなっていると考えます。

　日刊工業新聞社が主催する食品関連の「読者が選ぶネーミング大賞」に、過去にはノンアルコール飲料の「のんある気分」や「零ICHI」、新ジャンルのビール類の「本麒麟」、レモンサワーの「檸檬堂」、3％の低アルコールチューハイの「ほろよい」、果実の瞬間フリーズ製法の「−196℃チューハイ」、ゴマたっぷりのふりかけの「ごまリッチ」などが選出されています。また、上述した「金麦」のネーミングは、当時はよくありがちであったカタカナ名の名前ではなく、麦へのこだわりをわかりやすく表現するために、漢字で「金麦」と表記したことで注目されました。

　②　**デザイン**
　パッケージデザインの役割は、商品名を伝えることだけではありません。パッケージデザイン（材質、形状、サイズ、色彩、模様など）を工夫して商品名と融合させることにより、商品コンセプトを消費に訴求できるものであることが重要です。
　食品では、コンセプトと同時においしそうで思わず手に取りたくなるシズル感（みずみずしさ）が伝わるデザインであることも重要です。

（2）ブランディング

　ブランディングにより市場における商品の確固たる地位を確立し、消費者にその商品の価値を認識してもらうことで、顧客層の獲得につなげることができます。

①　ブランド

　ブランドとは、自社の商品を他社の商品と区別するためのもので、消費者が企業や商品などに対して持つ共通のイメージ、形のない価値です。ブランドを構成するものとして名称（企業名、商品名）、ロゴ、標語、記号、カラー、音（音楽）、匂い、シンボルマーク、キャッチコピー、デザイン、キャラクターなどが使用されており、ブランド要素と言われています。それぞれのブランド要素は単独で強いものもありますが、それらブランド要素を組み合わせることで一貫したブランドイメージを与えることができるように設計することが大切です。著名な企業名によるブランドは、その企業が製造販売している商品名ではなく企業名だけで、その企業の商品に、例えば安心感、高級感、高品質感といったイメージを付与することができます。

②　ブランディング

　ブランドを消費者に認知させた上で、市場における自社商品やその企業ならではの価値を明確化し、それを高めていく活動がブランディングです。

　商品名称のブランドは、新商品が発売された初期段階では単なる名称でしかありませんが、企業によるマーケティング活動によりその商品名

に対する消費者イメージが蓄積されることで徐々に形成されます。新商品のブランド形成には、品質感、本物感、技術力、匠、そして飲食物では他にはない格別のおいしさなどによる特別感を感じさせる要素が商品にあることが重要です。ブランド育成を考慮した商品開発を推進することにより、企業のブランド力強化にもつながります。

　一方で、企業名のブランド化には、製造・販売している商品の歴史、伝統、知名度、信頼度、グローバルな認知度、そしてそれら全体が醸し出す世界観などを通して、狙っている企業イメージを消費者に醸成していく必要があります。地道な企業活動が求められますが、企業名がブランド化されれば、その企業の商品のブランド力が向上し、競争力が高くなります。

③　ブランド形成の意義

　消費者は購入する商品を選ぶ際、価格だけではなく、商品のブランド、親近性、他の商品との比較評価、コストパフォーマンスなどを総合的に判断します。現在の市場では、各企業の商品開発力の差がなくなりつつあり、先行して上市されよく売れている商品とほぼ同じスペック、品質、性能の商品を競合企業が短期間で開発して商品化できるようになってきており、多くの商品カテゴリーでコモディティ化が進んでいます。

　このような市場環境の中では、従来にも増して競合優位性を確立していくためにブランドの確立が重要となっており、ブランドを強化して価値あるものに育て上げ、そのブランドを企業の財産としていくブランディング活動が重要になっています。ブランドが醸し出す世界観を消費者に共感してもらえると、営業活動をしなくても消費者がそのブランドを認知しただけでその商品を選択するといった状況になることが期待できます（→ Column ❻）。

6 消費者の心を動かす「コミュニケーション」

　マーケティングにおけるコミュニケーションは、従来は企業から消費者への宣伝活動により企業や商品に関する情報が一方的に流されるものが主流でした。最近では消費者が知りたいと思う情報を SNS (Social Networking Service) を活用して発信することで、商品情報の拡散や購入などの消費者行動を促す活動が主流になりつつあります。そのような

状況下では、広告媒体もテレビや新聞などによる CM 等だけではなく、インターネットの普及に合わせた消費者に対する双方向のマーケティングコミュニケーションが用いられてきています。

　マーケティングにおけるコミュニケーションには、以下の基本的な 7 つの手法があります。

（1）広　　告

　新聞や雑誌、テレビ、ラジオ、ポスター、インターネットなどの媒体を通じて、企業や製品、キャンペーンなどに関するメッセージを伝える手法で、画像・動画・音声などの多様な演出や表現が可能です。広範囲性・同時性・速報性に優れ、同じメッセージを繰り返し発信することも可能であり、消費者の目に触れやすく、広く商品を認知してもらえることが特徴です。ただし、広告は、広告主である企業が広告枠を買い、基本的には企業の希望する方向性で制作されるため、客観的とは見なされにくい情報となります。

（2）広　　報

　広報とは、新聞やテレビなどのマスメディアなどに商品がニュースとして取り上げられ、商品に関する情報を客観的に発信してもらうことにより、広く自社の商品を消費者に知らせることです。メディアに取り上げられる情報は、例えば報道機関という第三者フィルターを通した「客観的」な情報と見なされるため、広告に比べて消費者から信頼されやすくなります。主なメディアの例として、新聞・テレビ・刊行物・機関紙・

ニュースリリースなどが挙げられます。

（3）販売促進

　商品に付加価値を与えることで、購買の動機付けを行い、購買の意思決定につなげることを目的とした手法です。付加価値としては例えば、割引クーポンや試供品、景品、くじ引きなどがあります。

（4）ダイレクトマーケティング

　特定の消費者に直接的にコミュニケーションを行う手法です。届けたい情報をより早く伝えることができ、必要に応じてターゲットとする消費者層に合った内容にカスタマイズすることが可能です。例えば、電話やメルマガ・通販カタログなどの郵便物、電子メールなどがあります。

（5）イベント

　商品の認知度向上を目的とし、消費者と交流を図るためにイベントを開催する手法です。消費者と商品を通した直接的な交流ができることが特徴です。イベントとして、街頭イベントや展示即売会、フェスティバルなどがあります。

（6）人的販売

　消費者に直接接触し、販売促進活動を行う手法です。直接消費者と対

面してコミュニケーションを行うために消費者に安心感や親近感を与えることができるとともに、商品に対する消費者の反応を直接見聞きすることができます。例えば、店頭サンプリング、実演販売会や訪問販売などがあります。

（7）デジタルマーケティング

　デジタルマーケティングとは、電子デバイスやインターネットなどのICT 技術（情報通信技術：Infor-mation and Communication Technology）を利用するマーケティング手法です。企業が既存のお客様や潜在顧客とつながる手段として、検索エンジンや Twitter、Facebook、Instagram などのSNS、電子メール、ウェブサイトなどのデジタルチャネルを活用し、商品情報やキャンペーン情報を発信することができます。

　消費行動が多様化してきているなか、消費者とのコミュニケーションはマス広告（テレビ・ラジオ・新聞など）を介した宣伝だけでは不十分です。多様化した「個」をターゲットにする必要があるため、デジタルチャネルを利用して情報発信することにより、個々の消費者の興味を引き、そして消費者自身が自らその商品を評価、発信し、情報を拡散するといった消費者行動を促すことが必要になっています。消費者間での共感を共有することを促進することにより商品の購買意欲につなげる手法の重要性が高くなっています。

　以上のようなマーケティングコミュニケーション手法を上手く活用することで、消費者の購買意欲を刺激することは重要です。一方で、メーカーにとって究極のマーケティングは、これらのさまざまなマーケティ

ングコミュニケーションを仕掛けなくても、口コミなどで自然に売上げ
を拡大していける価値のある商品の開発といえます。

7 商品の完成度アップに向けた 「PDCA サイクル」

　この段階での調査の主な目的は、ターゲットとする一般の消費者を被
験者とし、複数の水準の試作品候補間の比較評価やそれら試作品候補と
他社競合品を比較、評価することで、目標としているレベルを実現して
いる試作品ができているかどうかを確認することにあります。実現でき
ていなければ、試作品の改善点を明確にした上で目標を達成するまで再
度試作を行うといった PDCA サイクル（Plan-Do-Check-Act cycle）[7] を回し、
商品の完成度を上げていきます（**図3**）。

　上市した新商品についても同様に、狙った通りに消費者に認知され、
計画とおりに売上を上げることができているかといったことを調査し、
計画とおりに進んでいなかった場合にはその新商品の改善すべき点を明
確にし、リニューアルなどを検討します（▷第7章参照）。

（1）商品の完成度アップに向けた消費者調査

　飲料開発の場合のこの段階での調査では、試作品のおいしさ、商品コ
ンセプト、パッケージデザイン、ネーミング、広告などに対する印象、
理解度、好意度、そして価格の受容性など商品開発の成否に大きな影響

7　Plan（計画）→ Do（実行）→ Check（評価）→ Act（改善）の4段階を繰り返す
　ことによって、業務を継続的に改善する手法。

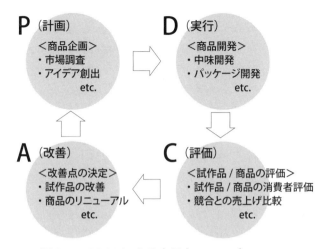

図3　PDCA による商品力のアップ

出所：筆者作成。

を及ぼす商品の構成要素を対象として行い、試作品の段階でターゲット
とする消費者にどのように受け入れられるのか、期待している反応が得
られているかなどについて検証します。

　消費者調査方法は、調査会場での集合調査、ホームユーステスト、グ
ループインタビューなどを主に用います（▷第１章第５節参照）。

①　消費者調査による PDCA

　これら試作品の段階での消費者調査の結果、狙ったような結果が得ら
れなかった場合には、改善点を明確にした上で次の試作をおこない、再
度消費者調査にかけることで商品の完成度を上げていきます。

　一方で、狙った通りの新商品を開発できたことを消費者調査により確
認した後に上市したとしても、結果的にはその商品があまり売れないこ
とも多々あります。この原因については、いろいろと考えることができ
ます。その一つには、開発した商品の狙った価値そのものは競合品と比

較して優位性はあるものの、その差が売上げに影響を及ぼすまでの大きさではなかったことが考えられます。新商品をヒットさせるために必要な競合品に対する優位性のレベルを明確にすることは難しいものがありますが、商品開発のPDCAを回すことで得られる知見を蓄積していくことが重要になります。

　新商品の上市後の売上げが消費者調査の結果から期待されたレベルに致らないその他の原因として、試作品の調査方法や調査設計そのものが不適切であったために、まだ試作品に修正すべき点があったにもかかわらず、それに気づかず上市したことなどが考えられます。消費者調査の不適切な例としては、被験者の募集段階においてターゲットとする消費者が適切に選出できていなかったことや被験者が答えにくいアンケート設計になっていたために消費者が本当に感じたことを聞き出せていなかったことなどが考えられます。

　上市するまでに行うこれらの消費者調査は開発する商品の質を上げていくために重要なものであり、そのためにはこれらの消費者調査自体の質を上げるべく、調査手法のPDCAサイクルをしっかりと回し、ノウハウを蓄積していくことも重要となります。

②　テストマーケティング

　時には大規模な消費者調査として、発売地域を限定したテストマーケティング調査[8]などを行う場合があります。テスト地域としては、そこでの生活が全国平均に近い地域が選ばれたり、製品特性やマーケティン

8　新商品を本格的に全国市場で発売する前に特定商圏に実験的に販売し、製品力、その販売のためのマーケティング計画・施策をチェックするとともに、販売を予測すること（ブリタニカ国際大百科事典より）。

グ課題によってテスト地域を選定したりします。ただし、新商品開発に
関する情報が競合企業に知られ、同様のコンセプトの商品を先に全国発
売されるリスクがあることに留意する必要があります。

　以下に商品化までに行われる代表的な消費者調査について記載します。

（2）商品化までに行われる代表的な消費者調査

　ここでは、飲料におけるコンセプト調査、中味調査、ネーミング調査、
パッケージデザイン調査、プライシング調査、広告調査の概要について
記載します。これらの消費者調査は、新商品の開発時だけではなく、リ
ニューアル前後の商品を用いたリニューアルの効果を評価する際にも
同様に行います。過去からの消費者調査の結果を蓄積してデータベース化
し、それを活用して消費者調査を設計、実施することにより、商品開発の
PDCA サイクルの質が向上し、新商品の質を高めることが可能になり
ます。

①　コンセプト調査

　ターゲットとする消費者に商品コンセプトの内容が一目で理解されて
いるか、そして競合品の商品コンセプトより魅力的かといった商品コン
セプトの評価を行います。商品コンセプトが消費者の心を十分に掴むこ
とができていなければ、コンセプトそのものの変更やコンセプトの表現
を見直すなどの PDCA サイクルを回し、より良い商品コンセプトを創っ
ていきます。

② 中味調査

　ターゲットである消費者に、その消費者が日頃購入している商品（例：競合商品）と試作品を飲み比べてもらい、中味の嗜好性や商品コンセプトに対する香味特徴の合致性などを評価します。調査方法は、被験者へ商品関連情報を提示しないブラインド中味評価、それら情報を提示した中味評価、パッケージングされた最終商品に近い形での中味評価などがあり、各開発段階での目的に応じて調査設計を行います。調査結果を受けて、香味上の修正すべき点を明確にした上で、再度試作を行うといったPDCAサイクルを回します。

③ ネーミング調査

　ネーミング調査は、ネーミングに対する消費者の印象、好感度やネーミングのメッセージ性（コンセプトの伝達性）、インパクトの大きさ（記憶の残存性）などを調査します。ネーミングそのものの評価に加えて、商品形態ではそのロゴデザインやパッケージデザインの影響も受けることを踏まえ、それらと併せたネーミングの評価も必要になります。

　ネーミングは、消費者が市場で最初に商品を見て購入するかしないかを判断する上での手掛かりになるものなので、調査したネーミング候補には適切なものがなかった場合には、調査結果を踏まえたPDCAサイクルを回し、さらに良いネーミング案を考えていきます。

9　ブラインド評価とオープン評価：ブラインド評価は、銘柄名などの情報が商品の評価（例えば、中味の嗜好性など）に及ぼす影響を排除した評価方法で、調査に必要な情報以外を隠して調査する。オープン評価は、その逆で市場と同様の情報を開示して調査する評価方法。

④ パッケージデザイン調査

商品のパッケージデザイン調査は、複数の候補のパッケージの形状やデザインをターゲットの消費者に写真や作製した試作品を見せて評価してもらいます。さらに市場に近い状態で調査する方法としては、試作品を実際に店舗内にあるものと同様のリーチイン（コンビニなどにある商品陳列用の大型冷蔵庫）内に自他社の既存商品群とともに置き、消費者にリーチインの中から買いたい商品を選んでもらう方法があります。この調査方法では、試作品が既存商品群と比較して店頭で目を引き、興味を惹くか、そして購買意欲を高めるかといった点などを評価することができます。

最近ではネットリサーチによりパッケージの形状やデザインの調査が容易にできるようになってきました。一方で、会場集合調査による調査では、消費者がリーチインから商品を選択するまでの行動観察や商品選択時間の評価なども行うことができ、発売時の市場に近いリアルな評価ができるといった長所があります。各種の調査方法を目的に応じて使い分ける必要があります。

評価の際には、どの商品を選択したかといった結果だけではなく、容器の形状、デザインのどこに魅力を感じたか、あるいは感じなかったのかについての調査も行い、その結果を受けて PDCA サイクルを回し、最も消費者の反応が良いパッケージデザインを創り上げていきます。

⑤ プライシング調査

プライシング調査とは、商品に対する消費者にとっての価値を購買時の価格感として把握し、開発した商品の適切な価格帯を知るための調査です。したがって、商品の価格は、商品の魅力の総合力を数値化したものと考えることもできます。消費者が商品の購入を決めるときは、その

価格と同等以上の価値を商品に見出したときと考えることができ、設定した価格での購入が見込めない場合には価格設定を単に下げるのではなく、商品の価値を高めるための検討を行い、価値向上へ向けたPDCAサイクルを回します。ただし、商品そのものの価値形成に商品のベースにある企業のブランド力などが大きな影響を及ぼすこともあり、その場合には商品開発プロセスの個別の改善では解決できないため、企業としてのブランド力向上に向けた活動も必要となります。

⑥　広告調査

　広告調査では、ターゲットとする消費者が普段どのような広告媒体から情報を入手しているのかについての調査を行うとともに、広告を通して消費者に対して伝えたいメッセージが伝わり、狙っている効果が認められるかどうかを確認します。実際に広告活動を開始する前段階で広告調査を行うことで、複数の広告案のインパクトの大きさ、商品コンセプトについてのメッセージ性などを評価し、各広告案の改善すべき点を明らかにし、より良い広告に仕上げていくPDCAを回すことができます。

　通常はアンケートによる主観評価が主流ですが、最近では広告を見ている人が何を感じているかを見える化するために、広告を見た消費者の感情をf-MRI（機能的MRI）により計測した脳活動から予測する動画解析サービスを利用することも可能になってきています。

第 **4** 章

ラボから飛びだし
スケールアップ、そして製造へ

イントロダクション

　第３章までに説明した商品開発プロセスを経ることで、狙った新商品の試作品がいよいよ完成しました。しかし、狙った価値を試作品レベルで開発できたとしても、実際の工場での大型設備を用いた製造、すなわち「スケールアップ」の段階において、試作品と同等の品質の商品を大量に製造することは容易なことではなく、いくつものハードルがあります。

　商品開発部門と工場が協力し、本格製造開始時までのスケジュール管理を含め万全の体制で挑む必要があります。

　本章では、工場での本格製造において試作品と同等の商品を製造するための技術について、中味の製造を中心に説明します。

ラボ・スケール（実験室で行う規模）を経て、パイロット・スケール（ラボ・スケールと工場スケールの間の規模）で試作品が完成した後に待っているのが、工場での製造です。製造規模が異なると、製造プロセスにおける製造途中段階の製品（半製品）が置かれる環境が異なってきます。飲料の製造の場合に縦型の大型タンクを使用すると、中味液に極微少な不溶物があった場合には時間の経過とともにそれらが下層部に沈降、集積し、タンク内の液体が不均一になってきます。また、タンクが大きくなると原料や中味液のタンク間移動に要す時間は長くなるために、それら液体が高温の場合には移動させている間にも化学反応が進んでしまいます。以上の現象は一例ですが、工場の大型設備で飲料を製造する場合には、ラボ・スケールのように容易には製造できないことも少なくありません。このような製造規模の違いにより生じるさまざまな製造条件の違いが発生しても、同じ品質の商品を製造する技術をスケールアップ技術といいます。

以上のように、パイロット・スケールで試作した商品を工場で製造するためには、パイロット・スケールとは異なった独自の製造方法や製造条件を、スケールアップ技術を活用して検討する必要がでてきます。したがって、工場側に要求されている商品数量を新商品の発売前までに確実に製造していくために、商品開発部門と工場で万全の体制で対応しなければなりません。

本章では、狙った品質を実現した試作品を工場でも製造できるようにするためのスケールアップ技術の例について説明します。

1 設計した中味を実現する 「スケールアップ技術と製造」

ラボ・スケールやパイロット・スケールで完成した試作品を工場で製

造するためには、上述したように単にラボ・スケールやパイロット・スケールでの工程設計をそのまま適用しただけでは製造できず、スケールアップ技術が必要となります。各企業は、開発したスケールアップ技術を製造ノウハウとして蓄積していくことが重要になります。

（1）本格製造に向けたスケールアップの進め方

①　過去の知見を活かしたスケールアップ

　試作品のパイロット・スケールでの製造方法が、過去に工場で製造した実績のある製造方法の条件設定を変更することで対応できるかどうかの検討を行います。その結果、現状の工場設備と既存技術を用いた設定条件の変更のみで対応可能と判断できれば、工場で過去から蓄積されたスケールアップに関する知見を活かすことにより、工場でも製造可能と判断できます。

②　新しいスケールアップ技術の開発

　①での製造対応が難しく、過去の商品とは全く異なった条件で製造する必要がある場合には、スケールアップによる品質へ及ぼす影響を検討し、狙った品質を実現していくためのスケールアップ技術を開発する必要があります。例えばタンクの大きさ、タンクの撹拌・溶解能力、中味液移送に使用するポンプ能力、中味液の加熱能力などのスケールアップに伴ったさまざまな設備上の違いが品質に及ぼす影響を科学的にそして論理的に検討し、そこで得られた知見を工程設計にフィードバックし、目標とする品質をつくり込むためのスケールアップ技術開発をします。

③　新設備の設計・導入・立上げ

　現状の工場設備を用いたスケールアップ技術では対処できない場合や革新的技術・新プロセスを導入したり、新素材などを使用しなければならない場合には設備投資が必要になってくる場合があります。そのような新商品の製造に伴った新設備の導入にあたっては、その設備投資に見合った価値（利益、ブランド価値の向上など）が見込めるかどうかを商品開発プロセスのできる限り初期の段階で慎重に判断する必要があります。

　新しい設備を導入する場合には、導入する機械、機器類の選定、場合によっては機械メーカーとの製造設備の共同開発が必要になり、想定していた以上に時間を要することも多く、商品開発期間を設定する際には注意が必要です。新商品の開発が遅れ、新商品発売に向けた目標の製造数量に達せず、計画していた店頭に発売日当日に商品が並ばないといった事態や、開発納期を優先したために当初狙っていた商品コンセプトや中味の香味に関して妥協するような事態に陥らないように万全を期さなければなりません。

　工場では、新設備を導入した新しい製造プロセスの構築だけではなく、新設備を導入した工場で製造されている既存の商品群の製造工程に新設備導入が及ぼす影響への対応を含めた製造全体のマネジメントを強化する必要があります。

④　複数工場での製造

　同一商品を複数の工場で製造する場合には、工場ごとに設備や工程などが異なるため、新商品の量産化に向けてそれぞれの工場における製造条件を決めていきます。製造工場の違いによる商品の品質バラツキが発生しないように、各工場で製造した商品を比較し、品質確認を慎重に行

いながら各工場の製造条件を決めていきます。

⑤　工場での本格製造

　新商品の需要供給計画を策定し、それに沿って全国の製造拠点で新商品の製造を開始します。新商品を製造する工場では、目標とする新商品の製造数量を発売日までに確実に製造できるように工場内全体の製造スケジュール管理を行います。

　新商品の製造時間が既存商品と比較して長くなる場合には、工場で製造している製品全体の製造計画や要員体制などを見直し、工場の生産能力の低下を防ぐための対策をとる必要があります。さらには、新商品の製造が開始された後にも製造の効率化、工程の安定化を目指し、常に工程の改善作業を進めることで新商品の開発による事業への利益貢献を最大化するための活動も重要になります。

　新商品発売直後に万一欠品が発生した場合には、広告などを見て新商品を買うために来店した消費者が新商品を買えなくなります。このような事態が発生した場合には、卸や小売、消費者からの信頼をなくすことになり、企業として満を持してようやく発売した新商品が台なしになってしまいます。したがって、各工場での製造全体を管轄する部門では、新商品発売後にも売上げ状況を迅速に把握し、原料や包材の調達、工場での生産能力、配送能力などを勘案して万全な商品供給計画を立てることが新商品の開発を成功に導く上で重要となってきます。

（2）飲料製造におけるスケールアップ技術

　以下に飲料の商品開発におけるスケールアップ技術の例について具体

的に説明します。

①　調合における溶解と混合

　飲料の調合工程とは、（温）水に使用する原料を溶かして中味液を製造する工程です。ラボ・スケールで調合された中味を工場で製造する場合には、ラボ・スケールと工場スケールの比率を単純に工程設計に落とし込めばよいとは限りません。例えば、攪拌状況が異なるためにラボ・スケールではすぐに溶けた原料が工場スケールでは溶けにくい場合がよくあります。工場では、混合・溶解するための攪拌翼の大きさや形状、回転数を、調合する原料の量や形状、性質などを考慮して設定する必要があります。また、ラボでの調合に比べて工場での調合では、原料を溶解したり、複数種類の液を均一になるまで混合したりするための時間が長くなるため、調合時間を最短化するための原料処理方法（固体原料の粉砕方法など）や設備への原料投入方法（投入順序や投入設備の選定など）などの検討が必要な場合もあります。

②　移送時間と反応

　タンク間の中味液の輸送時間は、タンクの大きさ（中味液量）と移送ポンプの能力によって変わります。工場ではパイロット・プラントと比較してタンク内の液量が多いために中味液の次工程への輸送時間が長くなり、結果的に輸送が完了するまでタンク内での中味液の滞留時間が長くなります。一般的に、中味液の滞留時間が長くなると香味の悪化と微生物汚染リスクの増大を招き、品質に対してネガティブな影響を及ぼします。中味液の温度が高い状態での滞留は、熱化学反応の進行による香味への影響が顕著になり、また微生物増殖に最適な温度での滞留は、微

生物汚染を招きます。これらのネガティブな影響を防止するために、適切なタンク容量と移送ポンプの選定などの移送時間を考慮したプロセス設計を行わなければなりません。

③ 発　酵

　アルコール発酵工程では、酵母等の微生物の状態（活性）が中味品質や発酵期間に影響を及ぼします。例えば、ラボと工場間での発酵タンクスケールの違いが、発酵液中にかかる酵母への圧力の違いを生みます。微生物は自身が受ける圧力の違いにより代謝が変化するため、酵母が生成する香気成分にも影響を及ぼすことが知られています。

　また、アルコール発酵では炭酸ガスが酵母から排出され、発酵タンク内の発酵液の流動を引き起こして中味品質にも影響を及ぼします。発酵液の流動状態はタンク形状による影響も受けるため、工場での製造に向けたスケールアップではタンクサイズだけではなく、その形状も考慮する必要があります。

　以上は一例であり、大規模設備による発酵はラボ・スケールやパイロット・スケールとは異なっている点が多く、スケールアップのための発酵技術の開発及びその蓄積が必要です。

④ 殺菌とパッケージング

　ラボと工場では、中味液の殺菌方式や容器への充填方式が異なります。工場での大容量の中味液の加熱殺菌では、中味液全体が確実に殺菌できていることを保証するための温度管理システムが特に重要となります。また、中味充填工程で中味液と容器の殺菌を兼ねているホットパック充填では、中味液への熱負荷（温度、時間）の香味品質への影響も考慮しつ

つ、中味液による蓋も含めた容器内面の殺菌を行うためのパッケージング工程の制御が必要になります。

　新しいパッケージの形状や材質に特徴がある場合には、空容器や充填後の商品の搬送工程における適性を確認し、問題が発覚した場合には設備の改善や品質保証のための工程点検ポイント及び品質管理項目の見直し、追加を行います。

2 高品質を安定して実現するための「製造関連の標準類の策定と教育」

　工場で新商品の製造が可能であることを確認できたとしても、すぐに工場での本格的な製造を開始することはできません。本格的な製造を開始するまでに、目標としている品質の商品を安定的に製造していくための工場の製造体制を構築する必要があります。

　食品工場では機械化、自動化が進んできていますが、「人」の製造への関与が欠かせないのが現状です。需給業務（製品の製造計画や原料・容器などの受け入れ計画の作成など）、製造に関わるオペレーション（原料の受け入れ・タンクへの投入、製造設備のオペレーション、製造工程のモニター管理や現場確認など）、製造設備の保守点検、受入れた原料・容器や中間製品、製品の分析や官能評価による品質確認、出荷判定などは「人」が行います。したがって、それら製造に関与する「人」の行動や感度の違いによる工程異常や品質のバラツキ、トラブルが発生しないような工場全体の体制を構築する必要があります。そのためには新商品を工場で製造開始する前に新商品の製造に関連する標準類を作成し、その理解、習得に向けた工場で働く「人」への教育、訓練が重要となります。

（1）製造関連の標準類の策定

　ものづくりでは、製造工程を安定化し、製品の品質をばらつきがなく一定レベルに維持するために「標準化」することが重要です。製造に関わる標準類としては、製造技術標準、作業標準、試験標準、製品規格、原材料規格などがあります。

　製造技術標準は、製品規格に見合う品質を作り出すために物、設備、方法、人、測定などについての製造に関する技術の標準を定めたものを言います。作業標準は、人が遵守すべき作業手順を標準として定めたものです。作業者の違いによる製造オペレーションのバラツキをなくすことで、一定の品質の商品をつくり込むとともに、製造工程でのトラブルをなくして製造プロセスを安定化し、製造効率の低下を防ぐことができます。

　新商品の製造の場合には、新規原料を採用したり、新しいプロセスを導入したりすることも多く、従来とは異なった作業が多く発生するため、工程や品質のトラブル、そして品質のバラツキが発生しやすくなります。新商品の製造を開始するにあたって、既存の作業手順書を新商品の製造プロセスに対応したものに作り替え、作業手順の間違いやバラツキが発生しないようにすることが必要です。作業手順書に従った正しい作業を徹底することにより、製造経験の少ない新製品であっても、品質をつくり込むことが可能になります。

（2）製造に関わる人への教育

①　新商品に関する工場教育の重要性

　一連の商品開発のプロセス自体には問題がなかったとしても、工場から出荷された新商品に何らかの品質上の問題が市場で発覚すれば、事業に大きなダメージを与えることになります。工場で製造された新商品の品質上の問題が原因で発売直後の売上げが目標レベルにはるかに届かない場合には、上市早々に販売終了になる可能性が高くなります。新商品に品質上の問題がなくても発売後の売上げが計画通りにいくとは限りませんが、品質上の問題が発覚した場合には致命的になることを日々商品の製造に関わっている工場のメンバーもしっかりと認識する必要があります。仮に、そのような状況に陥った場合には、これまでに商品開発にかかった経費が全て損失になり、また計画していた新商品による売上げ増の機会損失にもつながり、会社全体の損失は計り知れないものとなります。

　商品開発において、新商品を製造し、検査、出荷する工場の責任、すなわち工場で働く人の責任は重大であり、工場における教育は非常に重要な位置づけとなります。

②　工場メンバーの教育

　新商品を工場で製造開始する場合にはまず、工場のメンバーに会社として新商品をなぜ今発売するのかといった新商品発売の意義についての説明を行い、新商品の発売にあたって狙いとするところ、その狙いを実現するために新商品で実現すべき特徴などについて共有化し、理解してもらいます。さらに、新商品の製造にあたって新しい製造プロセスを工

場に導入した場合には、その説明とともにその稼働に向けた教育を行います。

　工場における品質不良品の出荷をなくすためには、製品の出荷前検査で不良品の流出を防止する体制を構築するだけではなく、万全の品質を製造工程でつくり込み、不良品を製造しない製造体制を築き上げることが理想的であり、その実現のためにも教育が必要となります。

　工場における教育レベルの向上が新商品の製造対応力やさまざまなタイプの商品に対する品質保証力の向上に繋がり、ひいては事業の売上げへの貢献、企業の永続のための基盤となることを認識することが重要です。

③　新商品製造に向けた教育の実際

　工場での新製品の製造開始時には、既存製品では使用しない製造設備を運転したり、点検項目が追加されたりするといった通常と異なる作業が多く発生するため、設備上のトラブルやヒューマンエラー（人為的なミス）の発生確率が高くなりがちです。その結果、新商品の製造開始時には、品質不良が発生しやすくなります。このような事態を予防するための対策として、新商品開発時に行う「変更点管理」があります。変更点管理は、新商品の製造開始時にこれまでと異なった変更点が発生した場合に、通常行っている工程点検などに加えて、ある一定期間行う特別な位置づけでの工程管理です。この変更点管理は、従来の定常的な製造時には行わない点検、管理作業なので、その実施方法について重点的に教育を行うことが重要です。その教育では、座学による知識習得だけではなく、実践的な教育手法 OJT（On the Job Training）が有効です。OJTでは、新原料の受入れ方法、新規の製造機械類のオペレーションと設備

点検、工程管理や品質管理のための新規の機器分析、新商品で追加される出荷検査などの現場の実務業務を通して教育を行います。

　工場で製造に関わる人に対する変更点管理の教育は商品開発における重要な教育の１つですが、これに限らずこれまでに経験したことがない新商品の製造にも的確に対応できる製造技術、新しい設備にも対応できる応用力、さらには品質保証に必要とされる基本的な知識などを日頃から備えておく必要があり、そのためには日常的に人を教育していくことが重要となります。

　以上のようなさまざまな教育の実施状況は、各個人ごとの教育記録を作製して管理するとともに、今後の各個人別の教育計画を策定しておくことが重要です。

第 **5** 章

品質保証に万全を期す

イントロダクション

　品質は商品の、そして製造業の「命」といっても過言ではなく、品質保証には万全を期す必要があります。新商品の品質を高めるためには、企画から販売に至る企業活動、バリューチェーンのすべてのプロセスで、品質の向上に取り組む必要があります（次頁の図1）。

　第4章までに述べてきた商品開発における各プロセスの品質、すなわち商品企画の品質、工程設計の品質、使用原料の品質、製造設備の品質、造り込みの品質、検査・分析の品質、流通の品質、消費者とのコミュニケーションの品質、発売後のお客様相談サービスの品質などのさまざまな品質の保証レベルを上げることで新商品の総合的品質が高くなり、消費者に選ばれ続けるロングセラー商品の開発に繋がります。

お客様対応品質　　　　流通品質

コミュニケーション品質　　　　検査・分析品質

商品企画品質　　　飲料　　　造り込み品質

工程設計品質　　　　設備品質

商品の品質

原料品質　　　包材品質

図1　品質は商品の命

出所：筆者作成。

　ここで、「品質」とは何かについて改めて考えてみます。次項で述べるISO9000では、品質とは「本来備わっている特性の集まりが要求事項を満たす程度」と表現されています。つまり、消費者からの要求事項（ニーズ）に合っているかを決める商品特性であり、消費者がそれに満足できるものということもできます。

　期待をもって購入した新商品が品質不良品だったときには、お客様の残念な思いは計り知れないものがあります。該当する不良品が少しでもまだ市場にある可能性があれば、その新商品を市場から回収する必要があります。長期間をかけて新商品を開発したとしても、すぐに市場から撤退せざるをえなくなるかもしれません。さらには、企業への不信感が芽生え、ブランド力の失墜にも繋がります。

　本章では、飲料工場での新商品の製造から流通における品質保証の事例について記載し、その後に品質向上の仕組みの構築（ISO9001、ISO22000、HACCP）ついて説明します。（→ **Column ❼**）。

Column ❼　品質第一 ── 品質管理と品質保証の違い
● ● ● ● ● ● ● ● ● ● ● ● ● ● ● ● ●

　開発した商品がロングセラー商品として存続し続けるためには、消費者に「安心安全な商品」を提供することを第一優先とした商品開発及び営業活動を行うことが極めて重要です。開発した商品のベネフィットによる感動を消費者に届けることに加えて、その基盤となる「安心安全な商品」であるといった消費者の信頼を勝ち取ることにより、揺るぎない顧客満足を実現することができると考えます。

　企業における商品の品質に万全を期す活動として、品質管理活動や品質保証活動といった言葉が使用されますが、ここでそれらの違いについて記載しておきます。品質管理は、工場などで製品の品質を設計どおりに製造するための活動です。一方で、品質保証は、製品の企画の段階から設計、製造、出荷、販売、そして消費者の飲用時までの全てのプロセスで品質を保証するためにおこなう活動です。品質保証の方が品質管理より範囲が広くなり、品質管理は、品質保証の一部になります。

　品質保証は、消費者に安全に安心して開発した商品を使用して頂くために重要な商品開発プロセスであり、消費者に品質に関する不信感をもたれるようになれば、企業の存続が危ぶまれると考えるべきです。

1 新商品の製造における「品質保証」

　品質管理は、過去には不良品を市場に出さないように出荷前に行う最終の品質検査に重点が置かれていましたが、現在では、出荷判定時の不良品率を下げるためには、「品質は工程で作り込む」という考え方が基本となり、不良をださないように製造現場で工程を管理、改善する活動が精力的に行われています（▷第４章第２節）。

新商品であっても同じ考え方で品質管理に取り組みますが、新規原料の採用、未経験の製造条件や製造プロセスの導入などがあった場合には、既述の変更点管理を組み入れた品質管理設計を行います。例えば、新商品の製造にあたって新設備や新製造プロセスを工場に導入した場合には、その導入に伴って新たに発生するリスクや必要となる新規の品質保証事項に関する検討をその新プロセスを開発した技術者と工場の技術者で行い、工程管理項目に組み込みます。同様に、新規原料の受け入れ検査方法の確立と導入、新規の品質管理項目の設定、出荷判定時の検査項目の追加など、新たに工程管理項目に組み込む項目は多岐にわたります。

　これらを実行に移すために、新商品の製造開始時までに新商品用の「QC（Quality Control）工程表」を作成します（**図2**）。QC工程表とは、製造現場で出荷までの品質を保証するために、原材料の工場への受入れから完成品として出荷されるまでの各工程で品質に影響を及ぼすポイントを明確にし、そのポイントでの管理項目や管理方法を製造工程の流れに沿って記載した表です。QC工程表は、製造ラインのものづくりの基本デザイン図でもあり、5M（人、設備、方法、材料、測定）の管理すべきポイントを一目で俯瞰できます。

　新商品の品質保証レベルを既存商品と同等に維持するためには、新商品の製造過程で新たに発生すると予想される品質上の課題を洗い出し、「QC工程表」に反映させる必要があります。分析・評価に関しても、新商品の品質保証のために新たな分析機器の導入や新しい分析技術の開発が必要となる場合もあり、それらの分析による管理項目もQC工程表に組み入れます。

　新製品開発時の工場での品質保証活動は、初動時には製造工程における分析ポイントと分析頻度を既存製品より多く設定し、安定稼働が実現

QC工程表

工程名	設備	管理部門	管理項目		検査項目			記録	異常時の処置	備考
			管理特性	管理基準	測定方法	測定頻度	測定者			

図２　ＱＣ工程表の例

出所：筆者作成。

できていること確認した後には、既存品と同様の品質保証体制に移行します。

（1）新商品の各製造プロセスにおける品質保証

以下に新商品の各製造プロセスにおける品質保証の要点を述べます。

①　原　　料

新規原料を採用する場合には、原料の特性を表す品質スペックを満たし、かつ安全性（有害物質、微生物、農薬など）が保証された原料を調達するために原料規格を設けます。そしてそれら新規原料を安定的に購買できるように、品質保証体制が確立されて信頼できる原材料サプライヤー（供給元）を選定する必要があります。新規の原材料サプライヤー選定の際には実地監査を行い、品質管理システム、設備状況、衛生環境などの状況を調べ、品質保証上に問題のないことを確認します。

原料や加工原料を工場で受け入れる時には受入検査基準に基づき、受け入れた現物の目視確認、原材料サプライヤーからの品質検査報告書に

よる原料規格内であることの確認、受け入れた原料の抜き取り検査と官能評価（異臭のありなし）による確認などを行い、受け入れた原料に品質上の問題がないことを確認した上で使用します。新規原料の場合には、製造開始からの一定期間はそれら品質確認の頻度を上げて対応し、品質が安定していることを確認できた後には通常の原料受入検査と同様の検査頻度にしていきます。

　これらの日常的な受け入れ検査に加えて、原料購入先における品質保証体制の状況を確認するための品質監査を定期的に行うことで品質保証レベルを維持、向上することができます。さらに、原料のトレーサビリティシステム[1]を構築することにより、受入れ原料に何らかの問題が見つかった場合の対応も含めた万全の品質保証体制を確立することが重要です。

　原料の不良品の発生や工場製造ラインへのその流出防止に加えて、原料規格内であっても品質のバラツキを低減することで製品の品質向上を推進することも重要です。新規に採用した原料品質のバラツキがあった場合には、原料取引先と直接コミュニケーションをとり、その要因について究明し、改善するといった活動も推進します。

②　中味製造

　工場では、品質規格を逸脱することがないように商品を製造することが求められますが、食品の場合にはさらに、狙った香味が実現できていること、そして商品の保管に伴う香味変化に異常がないことを保証しな

1　食品の移動ルートを把握できるよう、生産、加工、流通等の各段階で商品の入荷と出荷に関する記録等を作成・保存しておくこと（平成25年農林水産省の資料より）。

ければなりません。穀物原料や果物のような農産物を原料とする食品の場合には、それら原料の含有成分がいつも一定ではないために商品の香味が変動しやすいためです。中味の品質保証を行うためには、製造プロセスで設定した温度などの工程管理項目に異常がなく、かつ原料処理、仕込、調合、発酵、充填、製品出荷などの各製造プロセスの中間サンプルを用いた化学分析で問題ないことを確認すると共に、官能検査ににて香味変動にも問題がないことを確認する必要があります。また官能検査による品質保証を行うことにより、製造プロセスの管理項目以外で何らかのプロセス異常が発生した可能性についても確認できます。製品の保管に伴う香味変化については、実際に保管条件を決めて製品を保管した後に香味異常が発生していなかどうかを官能評価で確認します。官能検査は、新商品の香味特徴を認識できる工場の官能評価専門パネルを動員して行います。

　微生物の品質保証は、製造環境、使用した原料や包材、中間製品、最終製品などの微生物分析の結果と新商品の設計で決められた殺菌プロセスが正常であったことを検証することにより行います。

③　容器・包装

　商品開発において新規のサプライヤーから容器・包装を購入する必要がある場合には、新規原料の採用の場合と同様の観点で容器・包装サプライヤーを定期的に監査し、品質保証上の問題がないことを確認することが重要です。そして、サプライヤーとともに新規の容器・包装規格を設定して品質保証を行います。

　工場での容器・包装の受け入れ時には、受入検査基準に基づき、それらが出荷されてから食品工場までの輸送の間に品質上のトラブルが発生

していないか（例えば、荷崩れによる破損や虫の侵入など）といった現物確認と、受け入れた容器・包装の品質検査報告書により規格値内に入っているかどうかの確認を行い、規格外のものが製造ライン内に入らないように管理します。工場内でも受け入れた納品物の抜き取りによる検査を行うことで品質保証に万全を期します。原料と同様に何らかの品質トラブルが発生した場合に備えて、容器・包装のトレーサビリティシステムを構築することは重要です。

④　パッケージング

新しい形状の飲料容器を採用した場合には、本格製造開始前に容器・包装の工程適正を確認します。その時点での工程適正に問題ないことを確認できたとしても本格製造開始以降では、容器・包装の受入れからパッケージング工程（中味液の充填、密封工程、包装工程）まで、及びパッケージング工程後の商品の輸送工程で、容器・包装に関する品質トラブルが従来品と比較すると発生しやすい可能性があります。特に、シーリング部の密閉性の規格外れは漏れや中味の変質といった重大なトラブルにつながるため、細心の注意を払う必要があります。製造初期には、品質管理を強化して対応する必要があります。

これらパッケージング工程で問題が発覚した場合にはその原因を究明し、パッケージング工程や商品の輸送工程などの設定条件の見直し、場合によっては容器・包装の品質規格の見直しが必要となります。

⑤　出荷判定

新商品であっても基本的には既存商品と同様の手順で出荷判定を行いますが、新規の原料や容器・包装の使用、製造工程の変更、新設備の導

入などがある新商品の出荷判定検査では、新規の出荷判定検査項目を設定する場合があります。これら新規の出荷判定検査項目も含めた QC 工程表を作製するとともに、ある一定期間は既存品より工程での検査頻度を上げて工程管理を行い、それらの結果を出荷判定に使用します。新商品の製造工程が安定してきたことを確認し、工程管理の頻度を既存品と同様の頻度まで落としていきます。

⑥　物　　流

　食品における商品の外装に関する品質保証としては、工場からの出荷前後の倉庫内での段ボール箱への虫混入防止、段ボールや包装容器の損傷等の外観品質の保証、商品によっては流通過程での中味品質の変化を抑制するための温度や遮光性の保証などが必要な場合があります。

　物流のサプライチェーンが原因で新商品発売時に発生しやすいトラブル事例としては「段ボールの形状を変更したために砂埃が侵入しやすくなった」といった実際の物流を経ないと気付きにくいものがあります。また、工場内での保管や流通過程での温度管理が必要な新商品では「誤って既存商品と同様な扱いをしたために中味品質が規格外になってしまった」といったトラブルがあります。このようなトラブルを事前に防止するような物流における取り組みが必要です。

　また工場の倉庫から消費者までの商品の物流履歴を確認することができるように、出荷後のトレーサビリティシステムを確立することも重要です。工場出荷後から新商品の発売日までの間に新商品に関して何らかの対応を取る必要が出てきた場合には、本システムにより迅速に対応することが可能となり、消費者への影響を最小限に留めることができます。例えば、万一工場から出荷した後に商品に何らかの問題がありうると判

明した場合には、出荷先を速やかに特定して店頭に商品が陳列される前に該当商品を回収するなどの適切な対処をとることが可能になります。

　以上のような工場出荷後の品質保証を推進し、品質トラブル品の市場への流出を防止するためには、製造会社だけではなく運送や倉庫などの協力会社に対して、品質保証に対するより一層の理解と協力を得るための啓発活動を行うことが重要です。

⑦　フレッシュローテーション

　ビールは鮮度が重要であると言われています。鮮度の高いビールを消費者にお届けするための地道な取り組みとして、倉庫における在庫日数を減らし、倉庫内及び店舗での先入れ先出し（先に入庫したものから出庫する）を徹底するフレッシュローテーション活動が重要となります。

　新商品の場合には、その販売数量を見誤ると倉庫や店舗内に流通在庫として大量の新商品が滞留し、品質上好ましくない状況が発生してしまいます。一方で、新商品の発売にあたっては欠品も致命的であるため、新商品の需給調整が重要となります。需給部門、製造部門と営業企画部門などとの密な情報交換が必要です。

（2）品質保証力の向上

　出荷判定に使用される分析や検査そのものに問題があれば、判定を誤ることになり出荷判定そのものに意味がありません。したがって、分析機器や検査機器の保守・点検や分析方法や検査方法の精度管理が重要となります。新商品の開発により新たに分析、管理すべき項目が必要となった場合には、新しい分析方法や検査方法を早期に確立し、それらを使い

こなせる状態にしておかなければなりません。

　新商品開発においては、従来の分析方法の精度を上回る精度をもった分析法が必要になる場合もあります。その事例の一つとして、ビールテイスト飲料の開発があります。ビールテイスト飲料は、アルコール度数が0.00％であることを保証する必要があります。通常の酒類の商品では、そこまでの分析精度は求められませんが、アルコール度数0.00％のビールテイスト飲料ではアルコール度数が「0.00％」であることを保証する必要があり、その精度でのアルコール分析が可能な分析機器と分析ノウハウが必要となります。このように新しい価値をもった商品を開発する際には、その価値を客観的に正しく評価することができる分析システムが必要となる場合があり、従来の品質保証力よりさらに高いものが求められることがあります。時代の要求にあった食品の品質や安全性を保証できる力を保有しておくことが重要になってきています。

　日頃より世の中の最新の品質や安全性に関する情報や最先端の分析技術に関する情報を入手し、自社内の品質保証に関する技術レベルを上げるための活動を推進することが重要です。そのような活動を他社に先駆けて取り組むことが、「品質力」といった観点で競合他社に対する競争力をつけることにつながります。

2　世界標準を目指した品質保証「ISO9001、ISO22000、HACCP」

　市場にモノが溢れ、モノのコモディティ化が進んでいる現状において、今後求められる食品における新商品開発は、原料や生産プロセスが従来とは異なった新しいモノづくりの取り組みが必要とされると考えます。また、価値観の多様化による多品種少量生産を強いられることがますま

す多くなると予想されます。

　製造条件が異なる多くの種類の商品を一つの工場でつくり分けること
は、単一商品のみを製造し続ける場合と比較すると製造効率が悪化しま
すが、品質保証の面でも明らかに不利となります。そのような市況の変
化への対応として最も重要なのは、多品種少量生産であっても万全な品
質保証体制の構築です。消費者に高品質で安全・安心な商品をお届けす
るための品質保証を推進するためには、原料、容器・包装の品質保証か
ら消費者が飲用するまでの各プロセスでの品質保証までの徹底した取り
組みが重要であることは言うまでもありません。

　上記状況を踏まえて品質を継続的に保証し、そのレベルアップを図る
ためには、品質に関わる全ての部門に共通の品質保証の仕組みの構築が
重要です。多くの企業では、ISO 規格や HACCP の品質保証システムを
導入することによりその仕組みを構築し、企業の体質の強化を図ってい
ます。ISO 規格や HACCP に基づいた活動により、新商品を工場で立ち
上げる際に予想される品質に関するリスクの抽出、評価を漏れなく行い、
リスク低減に向けた課題を設定することができます。そして製造開始前
に課題解決を図ることにより、トラブルを未然に防ぐことができます。

　新商品開発プロセスを通して、ISO 規格や HACCP によるマネジメ
ントシステムを有効に活用し、企業の品質保証力向上に向けた改善の
PDCA サイクルを回すこと、すなわち継続的改善を行っていくことは、
ものづくり企業の体質強化につながります。

　以下に、ISO9001、ISO22000、HACCP の仕組みについて記載します。

（1）ISO9001、ISO22000

　ISO とは、スイスのジュネーブに本部を置く民間機関 International Organization for Standardization（国際標準化機構）の略称です。ISO が国際間の取引をスムーズにするために共通の基準を決め、制定した規格を ISO 規格といいます。製品そのものの「モノの規格」だけではなく、会社等の目標を達成するために組織を適切に指揮・管理する仕組み（マネジメントシステム）についても ISO 規格が制定され、これらは「マネジメントシステム規格」と呼ばれています。

　ISO の規格認証を受けるメリットとしては、ISO の認証機関が審査することにより、第三者の視点による問題点の発見が期待でき、その問題点を是正し、継続的にマネジメントシステムを改善していくことができます。結果的に、認証機関という外部の第三者から ISO に関する認証を得ることで、社会的信頼を獲得することもできます。

　ISO 9001 は、顧客に品質のよい製品・サービス提供し、さらに品質を継続的に向上させていくことを目的とした「品質マネジメントシステム」に関する ISO の国際規格で、顧客満足度向上を目指す規格です。本認証を取得することは、消費者からの品質に対する信頼感の醸成にも有効です。

　ISO 22000 は、ISO9001 の考え方と HACCP の食品衛生管理手法をもとに、食品安全のリスクを低減し、消費者への安全な食品提供を可能にする「食品安全マネジメントシステム」に関する ISO の国際規格です。以下で説明する HACCP は食品の製造や加工業種が対象ですが、ISO 22000 は生産から消費までのフードチェーンにおいて食の安全を守ることを目指しています。本認証を取得することにより、消費者からの食品

の安全に対する信頼感を得ることができます。

(2) HACCP

　HACCP（Hazard Analysis and Critical Control Point）とは、アメリカで開発された食品衛生上の危害発生を予防するシステムの名称で、「危害分析重要管理点」と訳されています。先進国を中心に HACCP を義務化する国も増えており、今や HACCP は食の安全性を維持する国際基準となっています。日本では、2018 年（平成 30 年）に公布された食品衛生法等の一部を改正する法律により、原則としてすべての食品等事業者は HACCP に沿った衛生管理に取り組んでいくことが必要となります。

　HACCP システムは、従来の製造設備の整備や衛生管理、中間製品や最終製品の抜き取り検査中心の品質管理に加えて、原材料の受入から製造・出荷までの全ての工程において発生するおそれのある微生物汚染や物理汚染等の危害を予測し（「危害（Hazard）」をあらかじめ「分析（Analysis）」）、危害の防止につながる特に重要な工程（「重要（Critical）」「管理（Control）」「点（Point）」）を重要管理点（CCP）と特定し、これを基準に基づいて連続的に監視・記録することで製品の安全を確保する工程管理の手法です。

　HACCP システムを採用することで、問題が発生する前から適切な対策を講ずることができ、食中毒や異物などによる危害を未然に防止し、製品の安全確保を図ることができます。本認証を取得することにより、消費者からの食品の「安全」に対する信頼感を得ることができます。

　HACCP システムの認証には、厚生労働省が食品衛生法によって定めている認証、各地域自治体が独自に定めた基準で審査を行っている認証、

適用の範囲が特定の業界・業種に限られている認証などがあります。

3 品質を極めるために行う「工場監査」

　新規原料、新容器・包装の採用や購買量増加に伴い新しい企業と取り引きを開始する場合、及びこれまでも付き合いのある取引先企業であっても原料や容器・包装などを新規に製造するようになった場合には、該当品を製造する取引先企業の工場を訪問し、製造工程や品質管理状況などの現場を確認し、必要に応じて改善を要求することが重要であり、工場監査と言います（▷第3章第3節参照）。初回の工場監査後にも定期的に工場監査を行うことが重要であり、要改善事項があった場合には、次回の監査時に改善状況を確認します。順調に稼働しているようにみえる工場でも、工場監査で不備が発覚することもあり、後に大きな品質トラブルになる前に改善することでトラブルを未然防止することができます。今後も取引を継続していくかどうかを判断することも工場監査の目的の一つとなります。

　工場監査のポイントは、監査の目的を明確にした上で事前に監査したい具体的な項目に関するチェックシートを作成します。以下にチェックするべき具体的な事例について記載します。

◇ 取引先工場の基本姿勢として 5S 状況（整理・整頓・清掃・清潔・躾）
◇ 製造工程管理や品質管理の状況（工程の安定性、品質管理項目の管理状況など）
◇ 製造に必要な原材料の保管管理の状況
◇ 不良品の発生率とその不良品の保管管理の状況

◇ 改善すべき点の抽出と前回監査からの改善状況

　　◇ 将来起こりうると考えられるリスク抽出状況　など

　本章第2節で記載した ISO9001 や HACCP においては、自社工場が外部の監査員によって上記と同様の観点で監査されます。すなわち、自ら監査した工場から必要な原料や容器・包装を購入し、外部監査員から監査されている工場で新商品を生産することで万全の品質保証を構築できることになります。

4 消費者満足を実現する「市場品質、飲用時品質、品質トラブル対応」

　原料や容器・包装などの受け入れ時から工場からの出荷時まで万全な品質保証体制で製造したとしても、実際にお客様が購入した商品の品質が万全であるという保証はありません。商品が工場から出荷されてから消費者が消費するまでの品質も保証する必要があります。そして出荷後に何らかの品質上のトラブルが発生していることがわかれば、速やかなトラブル対応が必要です。

（1）市場品質と飲用時品質

①　市場品質

　市場品質とは、工場での出荷時の品質ではなく、工場出荷後に実際に市場で流通している商品の品質のことをいいます。賞味期限の設定がある食品では、上市後の売れ行きが芳しくなく市場で滞留している場合に、工場出荷時の品質に比べて商品の香味や色調などがやや変化した商品が

店の棚に並んでいることもあり、その商品の品質が「市場品質」となります。消費者は工場出荷時の商品の品質を知らないため、その「市場品質」を商品の品質ととらえることになります。したがって、「市場品質」を損なうことのないように、市場での滞留期間の制御も含んだ品質マネジメントが重要となります。

②　飲用時品質

「飲用時品質」とは、消費者が実際に飲食した時点の品質のことをいいます。言い換えると、消費者がその商品に期待したものが得られたかどうかの判断を下すタイミングでの品質となり、食品の場合には「市場品質」よりも「飲用時品質」が重要となります。

消費者が商品を購入したとしてもすぐに飲用するとは限らず、家庭内で一定期間保存した後に飲用する場合があります。そして、缶製品の場合には、缶から直接飲用するかもしれませんし、家庭にあるグラスに注いで飲用することもあるかもしれませんが、両者でおいしさの感じ方が異なるかもしれません。市場では気付かなかった包装容器の小さなヘコミや傷に家庭内での飲用時に気づき、嫌な思いをするかもしれません。消費者が飲用した飲料を再度購入しようと思うかどうかの判断は、その飲料を最初に飲用した際の印象が決め手になるため、企業は「飲用時品質」にこだわることが非常に重要です。

なかでもビールの「おいしさ」は、最初の一口を飲み込んだ瞬間の印象で決まります。新商品では特に、この初めて飲んだ時のおいしさ、すなわち「飲用時品質」が極めて重要であり、その新商品の将来の運命を決めると言っても過言ではありません。したがって、消費者の実際の飲用時のシチュエーションを想定し、商品開発を行うことが重要です。ま

た、本章第1節に記載したフレッシュローテーション活動も、飲用時品質を改善させるための有効な活動になります。

③　市場品質や飲用時品質に関するトラブルの発生要因

　この市場品質や飲用時品質上の問題は、これまでに記載してきた新商品開発の各プロセスにおける品質保証に万全を期してきたにも関わらず、工場出荷後に発生することがあります。その主な要因として以下の二つが考えられます。一つには、工場で定められている出荷時の出荷判定検査では検出できなかった品質トラブルによるものがあります。例えば、発生頻度が極めて低い品質トラブルであったために、工場での抜き取りの工程検査では検出できなかった場合や、これまでの経験したことがない品質トラブルで出荷判定の検査項目に入っていなかった場合などがあります。もう一つの要因としては、工場から出荷時の品質は問題がなかったが、出荷後の流通過程や倉庫内での保管中に商品に傷やへこみができたり、飲用されるまでの保管中の温度が想定していた温度より高くなったために中味の香味変化が設計より大きくなったりすることで香味品質トラブルになる場合があります。

　これらの品質トラブルは、新規に開発した商品で発売して間もないときに発生する確率が高くなります。新商品開発時には想定しなかった、あるいは想定できなかったことが工場の製造プロセスや出荷後に市場で発生することがあるためです。また、需要を読み違えたために新商品が市場に大量に滞留することも要因の一つになります。これらの品質トラブルの発生要因を解析し、得られた知見を蓄積していくことが新商品の品質保証力の向上のために重要となります。

（2）市場での品質トラブルへの対応

　市場での品質トラブルに対する対応を誤ると消費者からの信頼を裏切ることになり、ブランドが傷付き、企業の存続が危ぶまれる事態に陥りかねません。

　工場出荷時の品質保証だけではなく、市場品質、飲用時品質に関わる問題を撲滅することが企業にとって重要な課題となっています。情報の発信・共有・拡散機能のある SNS（Social Networking Service）が発達してきた情報化社会においては、一つの品質トラブルでも瞬く間にその情報は拡散し、致命的となることもあります。信頼を築くには非常に長い時間が必要ですが、信頼は一瞬で失ってしまいます。商品開発を行う際には、商品の品質トラブル発生は致命的になる可能性があるといった危機感を常にいだき、品質トラブルは絶対に発生させないといった視点での商品設計開発を行うことが極めて重要となります。

①　お客様相談室を通した品質情報

　市場における品質トラブル情報は、企業のお客様相談室などを経由してお客様から寄せられることもあります。お客様から何らかの品質に関するご指摘事項が寄せられた場合には、同時期に製造された製品でも同様の品質トラブルが発生していないかなどの確認を行うと共に、該当品を回収し、分析、評価を行います。実際にご指摘通りの品質トラブルが確認できた場合には、速やかに企業内の関係部署で情報を共有化し、すぐにできる緊急対応策を検討して実行に移すと共に、トラブルの原因究明、恒久対策を行います。品質トラブルの該当商品を購入された消費者に対しては、トラブル品に関して正直に誠意をもって対応することが重

要です。

　一方で、お客様相談室に寄せられる品質トラブルに関連する情報のなかには、該当商品のさらなる品質向上に向けた気付きになるものもあります。商品開発時には想定できなかったポイントであれば、商品のリニューアルまでに品質向上策を検討しておくことも重要です。

　②　**商品回収**

　工場での製造に問題があって品質トラブルが発生した場合には、市場からの商品回収の必要性も出てきます。商品を回収せざるをえなかった状況にもかかわらず、社告による商品回収や既に市場にある該当商品への対応などが遅れた場合には、該当品を購入された消費者への対応なども含めトラブル収束に向けたコストが莫大なものになります。最悪の場合には顧客離れも起こり、企業存続に関わるリスクにもなります。

　したがって、品質トラブルが発生した場合の社外に対する情報発信や品質トラブル品に対する対応方法は、企業におけるリスク対応の一環としてあらかじめ取り決めておくことが重要となります。

第 **6** 章

環境保全に万全を期す

環境保全

●

ISO14001

●

持続可能性

●

サステナビリティ

●

二酸化炭素排出量

●

グリーン調達

イントロダクション

　人間の生活や企業の活動により、オゾン層破壊や地球温暖化、異常気象、大気・水質・土壌の汚染、プラスチックなどの廃棄物による海洋汚染や海の生態系への影響などの地球環境に関する問題が発生しており、地球規模で解決していかねばなければならない非常に重要な問題となっています。

　われわれ生活者や企業などは、これら地球環境への影響を持続的に改善し、環境保全活動を推進することが必要とされています。

食品業界では、商品の原材料に使用しているものの多くは、自然の恵みによってもたらされたものが多い一方で、事業活動を通じてさまざまな副産物や廃棄物を排出し、環境や自然にさまざまな影響を及ぼしていることにも留意する必要があります。したがって、商品開発を推進する際には、商品を開発、上市してから廃棄・リサイクルに至るまでの商品のライフサイクル全体を通じて、環境に与える影響を定量的に把握し、環境負荷の低減に取り組んでいかなければなりません。事業を持続可能なものにするためには、環境保全活動を商品開発でも展開、推進していくことが必要となります。

1　世界標準を目指した「ISO14001 と商品開発」

　ISO14001 は国際規格「環境マネジメントシステム（Environmental management systems）（EMS）」とも言われ、サステナビリティ（持続可能性）の考えのもと、環境リスクの低減および環境への貢献を目指した環境管理の方法や基準、評価方法に関する ISO 規格です。

　企業においては、事業活動と ISO14001 による環境活動を一体化して継続的に進化させていくために、原材料調達から製造、流通、販売、消費、廃棄までのバリューチェーンにおいて環境視点を取り入れた事業活動を推進していくことが重要であり、商品開発についても環境への影響を無視した開発は許されない社会となってきています。

　商品開発においては、原材料などをサプライヤーから調達する際に環境負荷の小さいものを優先的に選ぶ取り組みであるグリーン調達や新しい技術を導入することにより環境への負荷が低い商品を開発する取り組みなどがなされてきています（▷本章第2節参照）。環境に配慮した新商品

を開発することにより企業価値を向上させ、競争力を強化することも可能になります。逆に、環境に配慮せずに環境に悪影響を及ぼす原材料を使用した新商品を上市した場合には、厳しい世間の目にさらされ、その該当新商品だけではなく、企業の競争力の低下にもつながる可能性があります。

　企業の経営と環境問題は大きく結びついていることから、環境問題は経営上の重要な課題の１つとなっており、企業全体でのISO14001に基づいた環境マネジメントが必要になっています。

2 商品設計による「環境保全」

　消費者の環境に対する意識レベルが高まっていることから、消費者自身の消費に伴う廃棄物の分別行動が広がっており、今後さらにそれらの活動は高まっていくと予想されます。上述したように新商品を開発する際にもサステナビリティを意識し、開発しようとしている商品が環境へ及ぼす影響を考慮する必要があります（**図1**）。すなわち、EMSの中で策定された環境目標達成に向けた活動に則した商品開発が望まれています。そのような考え方の代表的なものの１つにカーボンフットプリント（CFP：Carbon Footprint of Products）を表示した商品があります。CFPとは、商品の原材料の調達・製造・流通から廃棄・リサイクルまでの全過程で排出される温室効果ガスの排出量を二酸化炭素に換算した数量で、その数値をラベルに表示して「見える化」し、低環境負荷を謳った商品があります。

　環境保全を意識した具体的な商品設計の事例を以下に記載しました。

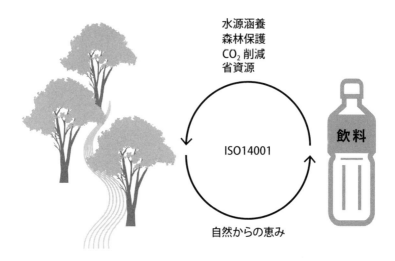

図1　環境保全を意識した商品設計

出所：筆者作成。

◇ 充填密栓後に行う加熱処理を省略することによる省エネルギー、省資源、CO$_2$排出量削減により環境負荷を低減した果汁入り炭酸飲料（アサヒ飲料株式会社ウェブサイト）

◇ 容器にラベルを付けないミネラルウォーター（アサヒ飲料株式会社ウェブサイト）

◇ 石油由来原料の使用量、CO$_2$排出量を低減した容器・包装（サントリー食品インターナショナル㈱ウェブサイト）

　　・ペットボトル、キャップ、ラベルの軽量化、薄肉化

　　・再生ペット樹脂を100％使用したペットボトル

　　・植物由来原料を30％使用したペットボトル

　　・植物由来原料を100％使用したペットボトル用のキャップ

第7章

消費者からの市場評価をフィードバックし顧客創造へ

イントロダクション

　ようやく新商品の上市にこぎつけたとしても、売りっ放しにしていたのでは、消費者からの支持を得ることなく市場から消えていく可能性が高くなります。ヒットした場合には、上市後に消費者にどのように新商品が受け入れられ、顧客創造や市場形成にどのような影響を及ぼしたのかについて調査、解析を行うことが重要となります。

　逆に、思うように売上げが伸びなかった場合には、何が要因でそのような状況になったのかについての調査、解析が必要です。その結果をもとに、今後のマーケティング活動にいかし、さらに商品開発にフィードバックすることでリニューアルや次の新商品開発に活かしていくことが可能になります。

165

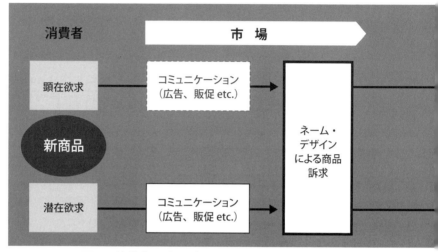

図1　消費者の購買プロセスと市場形成

　新商品を工場で製造し、出荷することができる段階までようやくたどり着いたとしても、多くの種類の商品が既に発売されている市場で新たに新商品を受け入れてもらうことは容易なことではありません。競合他社からもさまざまな種類の新商品が同時期に発売されることも多く、売り場に陳列してもらうための熾烈な戦いがあります。そしてその戦いに打ち勝ち、多くの店頭に新商品を並べることができたとしても、計画した通りに売れていかない場合には店頭からは消えていくことになります。

　図1に消費者の購買プロセスと市場形成の関係について示しました。消費者は、市場に溢れている多くの商品をさまざまなメディアや POP 広告（Point of Purchase Advertising：購買時点広告）、そして商品の表示内容を通じて得た情報をもとに吟味し、消費者自身の顕在欲求や潜在欲求に基づいて商品の購入を決定します。ただし、潜在欲求に基づいた商品の場合には、顕在欲求に基づいた場合に比べて広告などによるコミュニケーションがより重要となってきます（▷第1章第4節参照）。

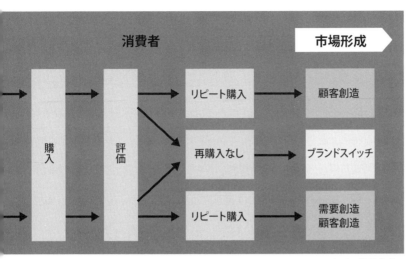

出所：筆者作成。

　購入した商品をそれぞれの生活の場面で使用（飲用）して評価を行い、再度リピート購入するかしないかを判断します。リピートに結びついた商品は顧客創造に繋がったことになりますが、リピート購入されなかった場合にはその消費者は次回には競合他社の同類の商品を購入することになります（ブランドスイッチ）。

　消費者の潜在欲求に基づいて購入され、リピート購入された新商品は、顕在化されていなかった欲求を掘り起こすことでこれまでにはなかった新しい需要、そして新たな顧客を創造し、新たな市場を形成することに繋がるため、将来的にも有望な商品であるといえます。

1 新商品の商品力を見極める「市場調査」
——配荷率、売上げ、購買リピート率

新規に開発して上市した新商品が、どの売り場に、どの程度置いても

らえているか（配荷率）、そしてそれぞれの売り場でどの程度の量、スピードで売れているか（売上げ）といった情報をいち早く入手し、さらなる売上げ増に向けた次のマーケティング施策につなげていく必要があります。

（1）配荷率と売上げ

　配荷率は、営業活動によりどれだけ多くの売り場に商品を置いてもらえたかを示す指標であり、飲料の場合における売り場としては、スーパーマーケット、コンビニエンスストア、ディスカウントストア、ドラッグストア、専門店などが主な売り場となります。これら販売店の売上げ状況は、POS データ[1]などで瞬時に明らかになります。商品を上市した企業は、それら店舗ごとの売上げデータをいち早く取得し、その売上げ状況に応じた個別の新たなマーケティング施策を検討し、素早く実行に移すことが重要です。例えば、売上げ増加ペースが予想を超えて早くなってきた場合には早急に何らかの対応をとらないと欠品や発売中止といった事態を招き、店舗からの信頼を失うことになります。逆に、売上げ状況が思わしくない状況が続いているにもかかわらず何の対策も打たなければ、店舗に商品を置いてもらえなくなる「棚落ち」となってしまいます。
　現在の食品市場の現場では、消費者の嗜好の多様化、競合メーカー間の熾烈な争いを背景に年間に多くの新商品が発売されていますが、発売翌年以降も市場に生き残れる商品は少なく、多くの新商品は配荷率が下

---

1 POS は「Point of Sales」の略で、POS データとは店のレジでの販売（支払い）時点での売上げデータ。

がり、やがて市場から消えていく状況にあります。市場で新商品を育
成していくためには、発売後の市場調査を起点とした売上げアップを
狙ったPDCAサイクルが重要となってきます。

(2) リピート率

開発した商品の「商品力」を新商品発売後に計る有効な指標に、購入
リピート率があります。購入リピート率は「継続購入率」のことであり、
新規客数におけるリピーター客の割合を表す数値です。この数値により
特定期間に購入した新規顧客のうち、どれだけの顧客がリピートして商
品を購入してくれているかがわかります。リピート率が高い、すなわち
「商品力」が高い商品を開発することができれば、売上げ増による直接
的な利益貢献とともに、さらなる新規顧客獲得のためのマーケティング
コストを削減でき、大きな事業貢献につながります。

過去に新発売したさまざまな商品の売上げ状況やリピート率に関する
データを蓄積し、それらの値が高かった商品や低かった商品などの商品
開発プロセスを解析することによって得られた知見を企業のノウハウと
して蓄積していくことは、商品開発力を高めていく上で重要であり、高
いリピート率の商品の開発につながります。

(3) 市場調査のポイント

上記の配荷率、売上げ、リピート率に加えて、開発した新商品が狙っ

2　商品の売上げを伸ばし、さらに安定的に売れるようにするための活動。

たとおり消費者に認知されたかどうかを調査し、今後の商品開発に活かす活動も重要です。上市した新商品を解析する上で、注目すべき市場調査のポイントを以下に示しました。

◇ ターゲットとした消費者の中で、新商品の発売を認知した人の割合はどの程度か
◇ ターゲットとした消費者に、新商品コンセプトを狙ったとおりに理解してもらえたか
◇ ターゲットとした消費者に、新商品はどの程度の頻度、数量で購入されたか
◇ ターゲットとした消費者で、新商品コンセプトを理解したにもかかわらず、購入しなかった人の割合はどの程度で、その理由は何か
◇ 再購入意向はどの程度の強さか（今後の購入予定頻度はどれくらいか）
◇ リピート購入した消費者としなかった消費者のそれぞれの理由は何か

　これらの状況を正しく把握し、開発時に狙ったとおりになっていない項目があった場合には、その原因と商品開発プロセス上の課題を明確にし、次の新商品開発にいかしていくといったPDCAを回すことが重要です。

2 商品の価値を検証する「顧客満足度の評価」

（1）顧客満足度とは

　一般的に顧客満足度とは、企業が提供する商品やサービスによって、

「顧客がどれほど満足したか」をアンケートなどの調査によって数値化した客観的に評価できる指標です。本書では冒頭に定義したように「顧客＝商品を購入したお客様」です。開発した新商品が購入して頂いたお客様に「買って良かった」と満足して頂くことができなければその存在価値がありません。顧客満足を実現している商品は、ロングセラー商品として企業に安定的な利益を生み出すとともに、新たな顧客を創造していく潜在力もあり、企業を成長させていく原動力となります。

　飲料の新商品に関しても、本章第 1 節に記載したような売上げや購入意向などを指標にした新商品に対する消費者の反応に加えて、新商品を実際に購入し、使用（飲用）した顧客の商品に対する印象、すなわち満足度がどうであったのかを明確にしていくことは、商品開発における重要なプロセスの 1 つです。売上げだけを指標とした場合には、本当は顧客がその商品には必ずしも満足しているわけではないが、他に適当な商品がなかったから購入しているだけかもしれません。その場合には、競合他社が同等品を発売すればすぐに売上げが落ちてくる可能性があります。そのような状況に陥らないように、飲料における顧客満足度調査では、飲用した際の満足感は購入前の期待値以上であったのか、その満足度評価に至った主な理由は何か、香味設計で狙った香味特徴が顧客にも認識されて満足感が得られたのか、既存の競合商品と比べてどのように感じたのか、今後の継続購入意向を決めた主な要因は何かなどについて調査します。顧客満足度が高ければ、その人の口コミなどによる情報の拡散により、新たな顧客創造が期待できます。逆に、期待水準以下の満足、すなわち不満足を感じた消費者は、新商品に関するネガティブな情報を発信し、購入前の消費者の購買意欲を消失させるため、新たな顧客を生む機会を失うことにつながります。

上市後の新商品の売上げ実績や顧客満足度調査などの情報に加えて、コマーシャルなどによる消費者とのコミュニケーション活動を含めた新商品の印象や新商品の評判など、新商品に対する消費者の反応をさまざまな観点から調査し、定量的に把握することも重要であり、マーケティング施策をより早いタイミングでより効果的なものにするためのPDCAを回すことが可能となります。

　以上のような新商品に関する市場調査を通して消費者の新商品に対する本音を聞き出し、その結果を真摯に受け止め、見直すべき品質上の課題があれば改善し、さらには顧客満足の向上や新たな顧客創造のためのリニューアル、今後の新商品開発につなげていきます。

(2) 顧客の生の声

　上記のような顧客満足度評価に関する調査に加えて、企業の「お客様相談室」などに電話などで直接寄せられる消費者からの意見により、顧客満足度を評価することもできます。お客様相談室を、「お客様からの商品に対する質問や苦情などを受け付ける窓口である」と位置づけるのではなく、「お客様自らが発する商品に対する意見や感想に関する生の声を受け付ける窓口でもある」といった認識を持つことが重要です。

　新商品の発売時には特に、「今までに経験したことのない美味しさで驚愕した」といった商品開発者にとってはうれしいものから、「リニューアルによって不味くなったので、元のものに戻してほしい」、「他社の商品の方が美味しいので、次に買うことはない」といったご指摘やご意見、感想など、多くの声がお客様相談室に寄せられます。

　これら情報には、商品の価値や品質などに関するお客様視点ならでは

の気づきとなることが多く隠されており、新商品の顧客満足度評価の補
強、品質改善、商品のリニューアル、消費者の潜在ニーズ探索などに役
立ちます。

（3）商品価値に対する顧客満足度に加えて必要なもの

　顧客の期待を超えるべく顧客満足度を高めればリピートや口コミにつ
ながり、ブランドへのロイヤルティが向上すると考えられていますが、
最近、必ずしもそうではないといったことが報告されています（マシュー・
ディクソンら、『おもてなし幻想 デジタル時代の顧客満足と収益の関係』（実業之日
本社刊）。商品へのロイヤルティ（愛着心、忠誠心）を高く維持するためには、
消費者の負担を軽減し、手間がかからないように商品に関連したサービ
スの質を消費者視点で向上させることが重要であるとしています。すな
わち、商品に関連する消費者のネガティブな感情をいかに減らすかが重
要ということになります。
　例えば、商品そのもののベネフィットではなく、

◇ 商品の入手のしやすさ
◇ 商品説明のわかりやすさ
◇ カスタマーサービスの充実（トラブル対応力、返品・交換対応力）

　といった商品に伴う顧客努力の軽減につながる要素がリピート購入、
顧客ロイヤルティ向上につながると述べられています。逆に言えば、こ
れらの商品に伴うサービスが低下してくると商品価値は変わらなくて
も、顧客ロイヤルティの低下を招くことになります。

ある一定レベルの価値をもったさまざまな商品が市場に溢れている市場においては、新商品に対する価値や質への期待感が希薄になっている中で、新商品そのものの価値を既存品以上に消費者に満足してもらい、顧客ロイヤルティと高めることが難しくなってきていると考えられます。結果的に、商品の価値への期待ではなく、商品に不随するサービスへの期待を上回ることが重要になってきていると考えられます。

　今後は顧客満足度の高い価値を実現することで高い顧客ロイヤルティを獲得していく商品開発に挑戦していくとともに、商品に関連するその他のサービスについても消費者の期待感を上回るものを創造していくことが必要な時代になっていくと考えます。

（4）発売前に顧客満足を予測する新しい方法

　新商品が顧客の潜在ニーズをどの程度満足させることができるのかを発売前に調査することは難しいのが現実です。潜在ニーズは消費者自身も日常的には意識していないニーズなので、アンケート調査のやり方を工夫するだけでは必ずしも十分とは言えず、他の新しい調査方法が必要と考えます。

　新しい調査方法の一つとして、新商品のコンセプトが消費者の潜在ニーズに合致し、心の琴線に触れた場合にのみ人に表れる変化を計測し、新商品が潜在ニーズに応えたものであるかどうかを客観的に、かつ定量的に評価する方法が考えられます。例えば、顔の表情、瞳孔、脳波、脳血流、発汗などの人の僅かな変化を計測することで評価できる可能性があります。ただし、現状ではこれらの新しい調査方法はいわゆる各企業の「ノウハウ」となっており、それらノウハウの蓄積を進めている企業

は商品開発力が高い企業に成長していくと考えます。

　以上のような意識してコントロールできない人の本能的な反応を計測するといった新しい評価方法を活用して開発した商品は、消費者の潜在ニーズを満たすことで顧客満足度を高めることができ、その消費者はリピーターやロイヤルカスタマー（忠誠心の高い顧客）となることが期待できます。

3 市場での商品力評価を活かした「リニューアル、次の新価値商品の開発」

（1）リニューアル

　市場には日々多種多様な新商品が上市され、商品のコモディティ化で優位性が築きにくく、また発売後の期間が長くなった商品の売上げは徐々に減少していく傾向があります。そのような市場環境では開発した新商品がヒットする確率も低くなってきていることから、ある一定レベル以上の売上げを上げつつも徐々に減少している既存商品を再度勢いづけて、ブランド力を維持、強化することが重要となっています。

　そのような商品の再活性化では、中味やパッケージのリニューアルや中味のバリエーション展開により、再度その商品のブランドに対する消費者の関心を引き、その商品の価値を再認識してもらうことで、ブランドスイッチした顧客だけではなく、これまで獲得できていなかった新規顧客の獲得も目指していきます。ここでいうリニューアルとは、商品名やコンセプトは変えずに、そしてそれまでに培ってきたブランドを損ねることのないように、コンセプトのわかりやすさや商品としてのその実現度を高めるために中味、パッケージングデザインや広告などをブラッ

シュアップすることを言います。

　しかしながら、売上げが徐々に減少している商品をリニューアルにより再活性化することはかなり難しいのが実情です。一般的に、既存の顧客は現在も使用（飲用）している商品が変化することを好まないため、その商品がリニューアルされると既存顧客の何％かはその商品から離れてしまいます。顧客離れにより売上げは減少するので、再活性化を成功させるためにはそれを上回る新規の顧客を獲得する必要があります。新商品発売当初に購入して頂けなかった消費者から関心を引いて購入してもらい、継続的に購入してもらえる顧客にまで導くためのハードルは高いということを認識した上でリニューアルに取り組む必要があります。

　一方で、売上げの減少をリニューアルによって食い止めるといった消極的な再活性化ではなく、売上げが落ちていない状況下で、既存商品のリニューアルや新フレーバー展開によるマーケティング施策による活性化が有効であると考えます。活性化に成功すると商品の定番化、ロングセラー商品化に至る可能性もあるので、この活性化のタイミングが重要となります。

（2）新価値商品の開発

　以上のように、商品の売上げ拡大を狙って商品のリニューアルを行っても、必ずしも期待した効果を達成できるとは限りません。事業を大きくしていくためには、既存商品の活性化だけではなく、他商品と差別化された優位性のある新しい価値をもった商品の開発が期待されます。

　ここで飲料業界においてよく行われる新価値商品の開発方法について説明します。まずは、消費者の顕在ニーズや潜在ニーズに応えるために

過去に開発され、ヒットした商品が保有する価値に着目します。消費者は、これらの価値から満足感を得られている、あるいは過去には得られたはずなので、その満足感をさらに高めるといった考え方で商品開発を行います。以下に、現在でも消費者から支持されている価値を強化したり、組み合わせたりすることで生まれた新価値についての事例を記載しました。

◇ 同じ価値で低価格

◇ おいしさの革新

◇ 香りのバリエーションの追加

◇ 口当たりやスッキリさなどを極めた香味

◇ 健康機能の付与（特定保健用食品や機能性表示食品などへのブランドのシリーズ展開）

◇ 容器の利便性の向上（リシール性、携帯できるなどのハンドリング性などの追加）

◇ リサイクル可能な低環境負荷の容器の使用（環境対応の強化など）

その他の事例として、商品コンセプトの切り口は同じでも、開発した価値の大きさをこれまでとは不連続的に大きくるすことで生まれる新価値の事例を以下に記載しました。これらの価値の実施には技術開発が必要ですが、潜在ニーズを掘り起こすことにもつながり、ロングセラー商品にまで成長していく可能性があると考えます。

◇ 大胆な原料の見直し、原料生産への事業拡大、生産プロセスの革新などによる価格破壊

◇「おいしさとは何か？」を追求したこれまでにない新感覚の「おいしさ」の実現

◇ 口腔内の新触感の食品

◇ 香りの人への影響（機能性）を追求した食品

◇ 食品原料内の健康寄与成分を丸ごと活かした機能性表示食品

◇「ボトル to ボトル」リサイクルの植物由来原料100％使用ペットボトル

◇ 容量フレキシブルな容器（残量に合わせて形状を変えられる容器）

（3）次世代の新価値商品の開発

　これまでにも商品開発のためのアイデアがいろいろと出されてきており、今後も上述したように、同様の切り口でさらにアイデアを加えることにより新しい価値を創出していくことは可能です。

　ここでは、日々、ストレスを感じながらも長寿化している社会環境の中で、将来的にニーズが増してくると考えられる次世代の新価値商品について記載します。

①　満腹感から満足感へ

　商品という形で創出された価値を消費者が享受した後に、消費者がえられるものは何かについて考えてみます。嗜好品である飲料の場合には、消費者が飲料を飲んだ時に感じる「満足感（＝小さな幸せ感）」であり、「楽しさ」であると考えます。例えば、甘い飲み物を飲みたくて甘いココアを飲んだり、喉の渇きを癒したい時に冷水を飲んだりした時に「おいしさ」を感じますが、その後に共通して飲用者の心に残るものは「満足感」です。そして夕食時や仲間との宴会時などに各人が好きなアルコール飲

料を飲みながら共通して感じるものは、「楽しさ」です。飲食すること
で感じる「満足感」や「楽しさ」は人にとっては本質的な価値であり、
世界共通です。次世代においてもこの価値を追求することがますます重
要になってくると考えます。

　消費者の中には、食欲がわくものを飲食して得られる「満腹感」に価
値を見出しているために、肥満などの生活習慣病に罹患するリスクが高
くなるということを認識していない人が少なからず見受けられます。し
かしながら、将来的には食欲に依存した「満腹感」ではなく、本来「食」
でしか実現できない「おいしさ」を感じることにより生まれる「満足感」、
そこから生まれる生きることの「楽しさ」に価値を見出す消費者が増え
ていくと考えます。

　飲食物が「甘ければよい」、「喉が潤えばよい」という単純な嗜好性に
よって消費者に支持されるのではなく、「この商品でしかこの満足感、
そして楽しさは得られない」という特別なものとして、消費者に支持さ
れる商品を開発していくことが重要です。

②　健康を意識した食の安心、安全

　食の3機能として「栄養、嗜好性、生体調節」が知られており、食に
は嗜好性だけではなく、栄養、生体調節の機能が期待されています。将
来的には、嗜好性や保存性を追求するために多種多様な添加物（色素、
香料、甘味料などとして使用）に頼って開発された商品ではなく、消費者の
食の安心、安全への意識の高まりをベースに、栄養、生体調節に着目し
た食物原料本来の機能をまるごと活かして開発された商品に対する欲求
が強まってくると考えます。

　最新の欧米で広がる食の新しい潮流のひとつに「クリーンラベル（Clean

labels）」があります。クリーンラベルとは、商品に関する詳細情報を知りたいという消費者の欲求を満たすために食品の原材料と製造法について、「できるだけ少ない原材料で、かつ消費者が理解しやすい原材料を使用し、わかりやすい表示をすること」、そして「その原材料の由来、生産者、製造場所などの消費者に対する透明性をクリアにすること」、さらには「農薬や化学合成添加物、アレルゲンを使用せず、天然原料やオーガニックの農作物などの消費者が身体に良いと認識している原材料を使用すること」で、消費者の信頼を得る概念です。クリーンラベルは、透明性を志向する消費者の本物の食品への回帰に応えるものと考えることができます。これらの概念は欧米に留まらず、今後は世界中に広がっていくと予想されます。

　実際、世界に目を向けると、消費者の健康志向や食の安心・安全への関心の高まりを受けた商品の開発が進んでいます。飲料業界においても、ナチュラル、無添加、無香料といったキーワードが注目されています。既に、オーガニック認定機関にて、農薬や化学肥料、化学合成添加物、遺伝子組換え技術などを使わない有機農業規則にしたがって作られていることの認証を受け、その認証マークを表示した商品も広く発売されています。例えば、EU（European Union：欧州連合）の各国におけるオーガニック農法に関する共通の基準が採用され、オーガニック認定機関での認証を受けたものに関しては、**図2**の共通のロゴを表記できます。

　アメリカでは、農務省（USDA：United States Department of Agriculture）傘下の全米オーガニックプログラムという制度により、**図3**のロゴによるオーガニック食品の認証が行われています。

　アメリカの市場では、ほとんどの商品をナチュラルとオーガニックの商品で揃えるホールフーズ・マーケット（Whole Foods Market）（**図4**）が

　第7章　消費者からの市場評価をフィードバックし顧客創造へ

図2　EUのオーガニック認証マーク
出所：https://ec.europa.eu/agriculture/organic/
　　　downloads/logo_en　より転載。

図3　USDAのオーガニック認証のマーク
出所：https://www.usda.gov/ より転載。

図4　ホールフーズ・マーケット
出所：2017 年、筆者撮影。

人気のあるマーケットとなっています。ただし、アメリカ人の全ての人が利用しているわけではなく、現時点では食に対する意識レベルが高く、本当の意味で食を楽しむためには何が重要であるかを考えている消費者に人気があるわけです。

　日本ではまだまだナチュラルやオーガニックにこだわった商品に対する認識自体が低いのが現状ですが、近い将来それらは日本市場においても多くの人に受け入れられる「新しい価値」になると考えます。

4 市場を拡大するための「顧客創造」

　市場にモノが溢れている現代社会では、消費者が満足することができるさまざまな商品が既に市場に溢れていることも多く、開発した新商品そのものについての顧客満足度調査により好ましい結果を得ることができていたとしても、実際の市場では同等の価値をもつ競合品と比較されるなかで必ずしも目標としていた売上げを達成できるとは限りません。そのような市場環境の中で、売上げを増加させて市場を拡大するためには、新たな顧客の創造が必要であり、それは企業が将来にわたって成長していくための源泉となります。新たな顧客を創造していくためには、これまでに消費者が経験したことがない新しい顧客満足の創造による需要創造が必要です。

　新しい顧客満足を創造するためには、潜在ニーズに基づいて消費者が気づいていなかった社会や市場を変容させるほどのインパクトのある価値を商品として開発し、その新しい価値を消費者に認知させて体感してもらうことで、消費者に異次元の驚き、感動を与え、新しい顧客満足を生み出していかなればなりません。スマートフォンの登場は、まさに新しい顧客満足の創造にあたり、今では子供からシニア世代までがスマートフォンを利用し、新しい顧客創造を実現している商品であるともいえます。

　通常、商品に対して消費者がいだいている満足感は、競合商品との比較、商品の品質と価格の関係の妥当性（コストパフォーマンス）、そしてブランドの認知によりもたらされています。しかしながら、新しい顧客の創造につながる満足感は、商品の機能や品質において消費者がこれまで

に体感したことがない不連続で異次元ともいえる価値のある商品によっ
てもたらされると考えます。

　このような商品の開発は簡単ではありませんが、顧客満足の創造、そ
して顧客の創造は、商品開発に期待される最も大きな役割であり、商品
開発が果たすべき使命といえます。非常に困難でハードルの高い使命で
すが、夢を持って諦めることなくその使命を果たしていきたいものです。

第**8**章

ロングセラー商品の開発

イントロダクション

　企業が商品開発の努力を続け、多くの新商品を上市したとしても、それら新商品が消費者に受け入れられて、利益を生むものでないと意味がありません。しかしながら、そのような新商品を継続的に開発していくことは簡単なことではありません。

　新商品を開発し、上市していくために莫大な設備投資が必要な場合もあり、将来にわたって継続的に商品開発を行っていくことは決して簡単なことではありません。そして、新たな設備投資を行ったとしても、利益を生む商品を開発することができるとは限りません。

　そのような新商品開発をめぐる困難な状況においては、消費者に飽きられることなく永く愛され続けるロングセラー商品を開発し、保有することは非常に大切です。

企業はロングセラー商品を1品保有するだけで、大きなメリットを享受できます。そのメリットの1つは、単品大量生産に起因するスケールメリットです。原材料のコストや商品製造の加工賃を1円でも低減するだけでその利益は莫大な金額になります。

　さらなるメリットとしては、製造効率の向上があります。工場で複数の製品を製造する場合には、商品ごとに使用する設備を切替えるために製造時間が長くなる上に、その切替えに伴う設備トラブルが発生しやすくなり、設備稼働率が低下することにつながります。一方、単品大量生産では毎日同じ商品をつくり続けるので、稼働率を低下させる要因が少なくなります。また、同一製品の連続生産ゆえに製造に関わる人の技量も向上することから、オペレーションミスによる設備稼働率の低下も少なくなり、工場全体の製造効率が上昇します。

　品質保証の点でも、多くの新商品が開発され、工場で多品種少量生産を余儀なくされた場合には、単品大量生産と同じ品質保証レベルを維持するためには人的負荷とコストが大きくなります。

　商品開発とは直接的には関係ありませんが、さまざまな大きさの商品を倉庫で保管・運送するより、同一製品を保管・運送した方が流通コストも低下します。すなわち、単品大量生産は、総合的にビジネスの好循環をもたらすことにつながります。

　しかしながら、ロングセラー商品は、必ずしも意図して開発できるものではありません。飲料業界は、「千三つ（せんみつ）」という言い回しがあるように、1,000種類の新商品を上市したとしても3つの新商品しか店頭には残れないといった商品の改廃のペースが速い業界です。過去にもロングセラー商品を狙った商品が数え切れない程に上市されてきたと思いますが、なかなか狙ったとおりにはいきません。消費者の消費行

表1　ロングセラー商品とブランド

商品名	企業名	発売年	特　徴
三ツ矢サイダー	アサヒ飲料株式会社	1907 年	ろ過を重ねた安心・安全な磨かれた水を使い、保存料や着色料も不使用。
カルピス	カルピス株式会社	1919 年	日本最初の乳酸菌飲料。
ヤクルト	株式会社ヤクルト本社	1935 年	健康に役立つ生きたシロタ株含有の乳酸菌飲料。
角　瓶	サントリーホールディングス株式会社	1937 年	日本人の好みにあった高級ウイスキー。
オロナミンCドリンク	大塚製薬株式会社	1965 年	ビタミンCなど各種ビタミンが入った炭酸栄養ドリンク。

出所：各社ホームページをもとに、筆者作成。

動をコントロールすることは難しく、現在の市場で国内のロングセラー商品といえるものは数が限られており、そしてそれらは必ずしもロングセラーになることを狙って商品開発された商品とは限りません。

　飲料市場において、現在の市場でもロングセラー商品として消費者の支持を得ている代表的なブランドを、**表1**にまとめました。これらのブランドは、当時としては斬新なコンセプトの商品であったと考えられることから、それら商品が消費者に受け入れられるかどうかを予測することは難しく、ましてやロングセラーとなるとは誰も予想していなかったと思われます。しかしながら、これらの商品は現在においても色褪せることなく、その価値を消費者に提供し、多くの消費者に支持され続けています。

　永きにわたって消費者に愛されるこのようなロングセラー商品を目指

して開発するためには、単に消費者調査の結果で「おいしいと評価された」といったことだけでは不十分です。消費者の潜在的ニーズにマッチし、心身に深く響くものあることが必要であると考えます。

これらロングセラー商品やその可能性のある主要商品を持つことができた企業は、商品のシリーズ展開も可能となり、市場の維持とさらなる市場拡大が見込めます。上記ロングセラー商品の中にも、主要ブランドを軸にした多様な商品展開に成功している商品があります。まだロングセラー商品とは言えなくとも主要商品となっている商品ブランドであれば、同様なマーケティング施策が可能となります。例えばビール類でいうと「金麦」のヒット、定番化に引き続き、シリーズ展開として「金麦糖質75％オフ」、「金麦ゴールドラガー」の金麦シリーズのヒットを生み、金麦ブランドの総売上げの増大やブランド力の強化が可能となります。

1 商品の一生「ライフサイクル」

商品には新発売にはじまり、成長期、安定期、衰退期、発売終了までのライフサイクルがあります（**図1**）。目標としている売上量を維持しつつ、安定期が長い商品は秀逸な商品といえます。一方で、商品のライフサイクルが安定期を過ぎていれば、その売上げは減少していき、その減少速度を下げることはできても減少を止めることは非常に難しいと考えるべきです。商品の市場価値の低下を抑制するために、リニューアル品の発売やその商品のブランドを利用したバリエーション展開による商品シリーズ化などの対策が取られますが、これらの戦略による全体の売上げ増も束の間となることが多いために、リニューアルを繰り返さなければならないのが現実です。

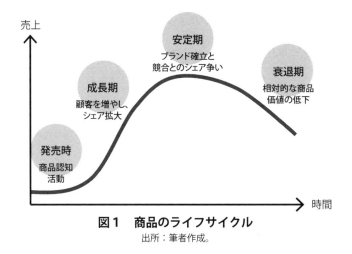

図1　商品のライフサイクル

出所：筆者作成。

　また、新商品の開発に投資し、新機軸のベネフィットのある新商品を他社に先駆けて新発売したとしても、他社が容易に模倣して製造することが可能であれば、安定期を迎えることもなく、すぐに追随する多くの企業が現れてコモディティ化が進んでしまいます。コモディティ化した商品は衰退期にあたるため、その売上げを維持するために値下げ販売を行い、結果的に低価格化競争に陥ることになり、利益の確保が困難になっていきます。コモディティ化は、企業にとって際限のない消耗戦となる大きな要因となっています。

　ライフサイクルの各期間は一定ではなく、商品そのものの価値だけではなく競合品の影響も受けることから、現在売れている商品がいつ売れなくなるかを予測することは困難です。したがって、自社の主力商品が現在ライフサイクルのどの段階にあるかを定期的に調査、解析し、正しく把握しておくことが重要です。例えば、主力商品の価値は競合品との関係で相対的に陳腐化していないか、需要をさらに伸ばすことのできる消費者層や使用場面の拡大余地はないかといった商品力の分析を行い、

現在の市場における主力商品の価値を客観的に評価します。そして、現在市場に出ている各商品のライフサイクル上における現在の時期を見極めた上で、自社の事業をさらに成長させていくために必要と考えられる次の主力商品となりうる新価値商品の開発を計画的に進めると共に、主力商品以外の商品を含めた商品ポートフォリオの将来戦略を立てる必要があります。

　一方で、競合他社が追随できない質の高い価値をもった商品を開発することができれば、コモディティ化に陥いることがなく市場で支持され続けるロングセラー商品となる可能性が高くなります。商品のライフサイクルにのらない秀逸な商品の開発をめざしたいものです。

2 ロングセラー商品に共通する「欠かせないもの」

　ロングセラー商品の開発を成功させるために重要な秘訣は何でしょうか？　それは、商品開発を企業側の論理主体で進めるのではなく、消費者主体で進める、すなわち開発しようとしている商品がいかにして消費者の心に響き、心に潤いを与えることができるであろうかといったことを徹底的に突き詰めながら開発を進めることであると考えます。そのような消費者視点によりロングセラー商品を目指した開発を進めるためには、まずは消費者や市場に関する客観的な情報をさまざまな観点から収集し、論理的に解析していくことが必要です。その際には、情報収集する際の観点や解析の切り口をこれまでには無かった新しいものにすることが重要であり、その新しいものをひらめく直観力が重要と考えます。そのような能力を育成していくためには、日頃から感性を磨く努力が必要です。

　徹底した消費者視点からの開発プロセスを経て開発された商品は、将来的には宣伝や営業といった販売促進活動を行わなくても消費者に支持され、売れ続ける商品になる可能性を秘めています。逆に、開発者の知識や思い入れ、また企業の技術力だけに頼って世の中に存在していない新しいものを開発しただけでは、消費行動を誘発する新商品の開発に繋がりにくく、ただ単に珍しいものを開発したことにとどまりがちです。

　上記のような消費者視点からロングセラー商品を開発するにあたって欠くことができないものとして以下の3点が必要であると考えます。

①　商品が安全、安心なものであること

　消費者がストレスなく健康的な生活をおくる上では、商品を安心して使用（飲食）することができることは非常に重要です。しかしながら、誰にとっても、いつでもどこでも、商品が安全で、安心して使用（飲食）できることを保証することは容易なことではなく、さまざまな観点でのリスク発生防止を行う必要があります。商品の品質不良に伴うリスクの発生だけではなく、例えば大人専用のものであれば、子供が間違って飲食できないようなリスク防止も併せて検討する必要があります。

　企業は、安全で安心できる商品を提供すると共に、商品が安全で安心できるものであることを消費者に自ら認識してもらえるような取り組みを地道に推進することが必要と考えます。

②　世代を超えて、満足、楽しさ、喜びをもたらす価値があること

　買って良かったと思える新鮮さ、驚き、感動のある価値を、世代を超えても変わらずに人に与えることができる商品は、人に満足感、楽しさ、喜びをもたらします。いつの時代でも世代を超えて新鮮さ、驚き、感動

のある価値を創ることは容易ではありませんが、ロングセラー商品を開発する上で目指すべきものと考えます。

③　企業・商品の品質への信頼感があること

どの商品を購入しても期待したとおりの品質を感じることができれば、それら商品を製造している企業に対する信頼感が生まれてきます。購入後の商品に対するアフターフォローが充実しており、万一品質不良が発生したとしても、お客様に対する対応がお客様の心情に寄り添ったものであれば、その企業に対する信頼感の醸成につながります。また、飲食による環境への負荷を抑え、環境汚染に対する不安なく飲食できる商品であれば、その商品及びその商品を製造している企業に対する信頼感が醸成されます。

以上のような品質、お客様、サステナビリティなどに対する姿勢を通じて企業や商品に対する消費者の信頼を獲得し、ブランドを確立していくことが重要です。

3　顧客満足をもたらすロングセラー商品の「クロスモダリティ効果」

人は、飲食物のおいしさを味覚や嗅覚で感じる味や香りだけで感じているのではありません。商品を飲用した時に、視覚（ラベルを見る）、嗅覚（香りを感じる）、味覚（甘味や苦味などの五味を感じる）、聴覚（炭酸の弾ける音を聞く）、触覚（炭酸による痛みを感じる）といった各感覚器を通して脳内に伝達された商品に関する情報が飲食した人の脳内で無意識の内に統合され、その結果としてその人はその商品のおいしさを判断しています。

このような本来は各感覚器別に行われている知覚が脳内で統合されて

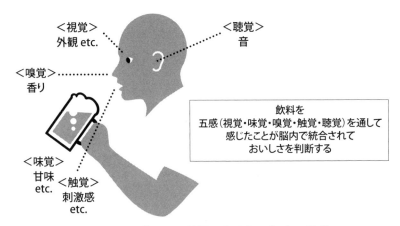

<視覚>
外観 etc.

<聴覚>
音

<嗅覚>
香り

<味覚>
甘味
etc.

<触覚>
刺激感
etc.

飲料を
五感(視覚・味覚・嗅覚・触覚・聴覚)を通して
感じたことが脳内で統合されて
おいしさを判断する

図2　クロスモダリティ効果によるおいしさの体感
出所：筆者作成。

生まれる効果を「クロスモダリティ効果（感覚間相互作用）」といいます（**図2**）。おいしさが評判でヒットした商品のどの特徴（ラベル？　香り？　甘味？　心地良い刺激？　音響？）が消費者を引き付けたのかを明確にするために、後付けでそれら個々の影響を解析したとしても、なかなか真の要因にたどり着くことができないのは、それらの単独の要素によるものではなく、五感のクロスモダリティ効果によるものだからであると考えます。

　飲料の香味が異なると五感から脳への各刺激の大きさ、バランス、相乗効果が変化し、結果的においしさの感じ方が変わります。言い換えると、いろいろなおいしさを創り出すためには、五感への刺激をコントロールすることが必要になります。

　ロングセラー商品と言われている商品は、五感を通して消費者が商品からえる情報によるクロスモダリティ効果が大きく、人の心に響き、満足感を与えるような価値を有していると考えます。

　例えば、代表的なロングセラー商品であるコーラを例に、まずは中味のクロスモダリティ効果を考えてみます。水と炭酸水、そしてコーラの

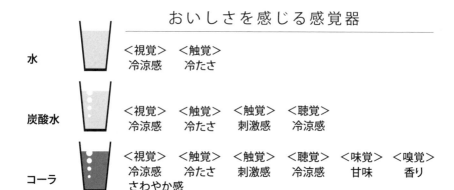

図3　飲料の違いを認識する感覚器

出所：筆者作成。

中味に対して人はそれぞれ異なったおいしさを感じていますが、その理由はそれらの飲料のおいしさの判断に関与する感覚器（味覚、嗅覚、触覚（体性感覚）、視覚、聴覚）の数、種類が異なり、水→炭酸水→コーラの順で関与する感覚器の数が増加するためです。**図3**に示したように、炭酸水の飲用時では、炭酸による刺激を感じる触覚や炭酸の弾ける音を感じる聴覚といった感覚器を通した脳への刺激が水の飲用時に比べて強くなり、さらにコーラ飲用時ではコーラ特有の風味による味覚・嗅覚・触覚を通した脳への刺激、そしてコーラ特有の液色の視覚を通した脳への刺激も加わります。結果的にそれら水、炭酸水、コーラ飲料のおいしさの感じ方の違いとなって現れます。人はコーラ飲料を飲むことにより、水や炭酸水にないコーラ独自の複雑な香りとさわやか感を感じ、コーラならではのおいしさを感じています。

　コカ・コーラの場合には、味覚・嗅覚・触覚を通しての刺激に加えて、視覚を通してコカ・コーラのイメージカラーの「赤」や独自の瓶「形状」を認知することで、コカ・コーラだけが醸し出すクロスモダリティ効果が

Column ❽　五感で喜び、楽しむ

●　●　●　●　●　●　●　●　●　●　●　●　●　●　●　●　●　●　●　●

　五感とは、人が目・鼻・舌・皮膚・耳を通して外界を感知するための感覚で、視覚・嗅覚・味覚・触覚・聴覚をいいます。

　五感を通した脳への刺激により、人の心理状態は大きく影響を受けます。視覚により美術などの芸術品を鑑賞することで気持ちが落ち着き、リラックスしたり、心地良さを感じたりすることができます。嗅覚を通してさまざまなタイプの香りを感じることにより、癒されたりするアロマセラピー効果が期待されます。味覚を通して甘味を感じることでおいしさを実感し、満足感が得られます。触覚を通してそよ風や毛布などのソフトな肌触りを感じることによりストレスが軽減され、安らぎを感じることができます。聴覚を通して聞く音楽により勇気づけられたり、リラックスすることができたりします。

　多くの人は、海外旅行を楽しみにしています。海外旅行では、見たことがない景色、旅先ならではの食事、その場所でしか鑑賞できない音楽、現地での人や動物とのふれ合いなどにより海外でしかできないことを体感し、感動することができるからです。この感動は、五感を最大限に活用することによって生まれてくるものです。旅先の世界をよく、見て（視覚）、嗅いで（嗅覚）、味わって（味覚）、触れて（触覚）、聴いて（聴覚）を行うことで、人は至福のよろこび、楽しさを感じています。

　旅行だけではなく飲食によっても、人は五感を通して喜びや楽しみを感じることができ、座り心地のよい椅子（触覚）で、心地よい音楽（聴覚）のもと絶景を見ながら（視覚）、おいしいもの（嗅覚、味覚）を食すことは最高の幸せと感じるのです。

生まれて、顧客満足に繋がり、ロングセラー商品となっていると考えることができます（→ Column ❽）。

4 ブランドの育成による「ロングセラー化」

コモディティ化しないロングセラー商品を開発するためには、ブランド力を活かすことが重要です。ブランドとは、例えば商品名、企業名、形となったシンボルなどを見たりしただけで、消費者が抱くイメージであり、そのイメージが競合品と比較して良いイメージであれば、それらはブランド力が高いと評価されます（▷第3章第5節参照）。

ブランド力のある商品は、競合他社と同等の商品を後発で発売しても、「このブランドの商品なら安心」、「このブランドの商品の方が良さそうである」と考える人が多いため、コモディティ化している商品類であってもロングセラー商品としてある一定の需要は見込めます。

企業はブランド力を現状よりさらに高め、維持していくために、商品の価値や品質の向上、企業のCSR活動[1]（Corporate Social Responsibility：企業の社会的責任）などによるブランドイメージの向上に向けた取り組みを継続的に続け、既存商品のロングセラー化、そしてロングセラー商品の開発に向けた土台づくりを推進していくことが重要となります。

5 ロングセラー商品の開発に向けた「戦術」

ロングセラー商品を狙って開発し、確実に成功させることは困難ですが、次世代の消費者にも受け入れられ、ロングセラー商品となる確率を

---

1 法令順守に加えて、企業ボランティア活動や環境保全活動などによる地域活動、社会活動。

少しでも上げるための商品開発について考えてみます。

　将来に求められる価値を完璧に予測することはできませんが、国内市場だけではなく世界市場を取り巻くグローバルな環境変化(技術トレンド、流行、経済情勢、年齢構成、地球環境などの変化) を予測した上で、業界間の壁を越えた異業種企業と連携し、既存の延長線上ではない中長期的に目指すべき新しい価値について議論することが重要です。ロングセラー商品の開発に向けたキーワードは、グローバル（世界規模）と異業種感交流と考えています。

　技術的な観点で大事なのは、「自分たちが自分たちの業界内の技術で作れる物を開発する」という発想ではなく、「自社や業界内、そして国内の技術にこだわらずに、消費者が欲しいと思う物を従来の枠を超えて世界中のさまざまな技術を導入、駆使して商品を開発する」という発想に徹することだと考えます。

終 章

こころを豊かにする
商品開発に向けて

イントロダクション

モノがあふれる現代では、たんに食欲や所有欲を満たすだけでは消費者は満足をえることができなくなってきています。これからの時代には、心を満たす商品がますます求められていくことになるでしょう。

こころの豊かさにつながる商品の価値づくりを「世界観の創造」、「ひと手間」、「倫理観」という３つの切り口をもとに、本章ではこれからの食の商品開発の意義について考えます。

モノがない時代にはなんら贅沢をいうこともなく、モノさえあれば喜ばれた時代、飲食業界でいえば「お腹が空いた時にお腹を満たすことさえできれば満足できる」、「喉が渇いた時には喉を潤すことさえできれば満足できる」といった時代から、現在の先進国では消費者は数ある類似商品の中から好みの商品を選んで購入し、飲食した際に自分の嗜好に合い、おいしいと感じて初めて満足する時代になっています。

　将来的には、飲食時に空腹感や喉の渇きを癒せるか、おいしさで満足できるかといった上記観点に加えて、商品の購入から日常生活での飲食までの過程で商品から得られるさまざまな形での価値、そして満足感をどれだけ大きくすることができるかが重要になってきます。すなわち、商品購入を通してどれだけ心が豊かになったかが商品の価値になると考えます。

　ここでは、飲料を事例に心の豊かさの実現に向けた3つの切り口について記載します。

1 新しい世界観を創造する商品

　飲料を飲む目的は、基本的には水分が欲しいといった身体から発せられる欲求を満たすためと考えることができますが、水分に対する欲求の他にどのような欲求があるのかによって飲みたい飲料の種類が異なってきます。ある飲料を飲みたいと思う要因としては、その飲料の香味に対する嗜好性だけではなく、その飲料を飲むことによって感じる世界観に浸りたいといった思いがあると考えます。そのような観点から、以下に、清涼飲料水とアルコール飲料での事例を考えたいと思います。

（1）清涼飲料水

　気分をスカッとしたい場合には水ではなく、炭酸の入った水である炭酸水を飲みたいといった気持ちになることがあります。一方で、炭酸水ではなく、水に炭酸以外にもいろいろな成分が入っているコカ・コーラのような炭酸飲料を飲みたくなることもあります。それらを飲むと炭酸水とは異なった独特のスカッとさわやかな風味を感じて、格別のおいしさを楽しむことができます。

　コカ・コーラを飲用する際には、コーラに特徴的な風味に加えて、コカ・コーラのイメージカラーの「赤」や独自の「形状」をした瓶を無意識の内に認知することで、スカッとさわやかな風味を感じるだけではなく、ココロとカラダのリフレッシュ、笑顔、楽しい気分、ハピネス、明るく前向きといった気分を感じます。これは、コカ・コーラの飲用シーンのCMなどによるコミュニケーション戦略により、消費者はコカ・コーラにはそのような気分を感じさせることができる世界観があると自然と感じているからであると考えることができます。

　その飲料ならではのブランド、そして世界観を築き上げていくことは、消費者が飲料のおいしさを感じるだけではなく、その飲料が抱かせる世界観全体を感じ、楽しむことができることにつながります。コカ・コーラは、これまでの歴史の中で世界的に強いブランド力を築き上げた代表的な商品の1つであり、独自の世界観を創り上げることにより、世界中の人々のこころを豊かにしてきた商品の一つであると考えます。

（2）アルコール飲料

　他に類を見ない世界観をもったアルコール飲料として、ビールがあります。ビールは世界中で飲まれているアルコール飲料であり、さまざまなタイプの香味のビールが存在しています。主流である冷やして飲むタイプのビールは、飲んでいる時に感じる痛快な喉越しや爽快感を楽しむことができ、他の飲料では取って代わることができない格別な飲料です。

　ビールは１人でものしずかに飲むのもよいですが、気の合う仲間などと１日の終わりに語り合いながら楽しく飲むと、自然と気分転換することができる飲料です。そして毎日ある程度の量を飲んでも飲み飽きることなく、逆に毎日飲みたくなるといった他では見られない飲料でもあります。

　日々楽しいことばかりではない毎日の中で、世界中にはこのビールの力を借りて明日への英気を養っている多くの人がいます。このような世界観をもち、日常生活に癒しや潤いをもたらすことができる飲料は、ビールが唯一無二であるといっても過言ではないと思います。

　他の飲料では感じることができないこの感覚をビールで引き起こすことができるのは、飲用したビール中のアルコール分による酔いによるものだけではありません。同量のアルコールを他のアルコール飲料で摂取したとしても、同様の感覚を感じることができないからです。ビール中にはアルコール成分以外に炭酸とビール固有の成分（麦芽・ホップや酵母による発酵に由来する成分）が含有されていることで、他のアルコール飲料にはない香味特徴をもった中味ができあがります。すなわち、炭酸成分とビールの香味特徴を形成する成分群が、飲用した人にビールならではの格別な感覚を生み出す決め手（キーポイント）となっています。

> ### Column ❾　ビールがもつ世界観
> ●
>
> 　病により残された時間がわずかになった人の、恐らく人生最期になるであろう誕生日のお祝いの日に、何がほしいかと尋ねると、「(病のため病院で飲むのを止められていた) ビールを最期に飲みたい」と答えました。家族のみんなとビールで乾杯し、誕生日を祝ったという実話があります。ビールを飲んだ数日後にお亡くなりになりましたが、この人の人生の中で、ビールを飲むことがいかに心に大きな影響を及ぼしていたのか計り知れません。この人にとって、人生最期の望みをビール以外の他の飲料や食べ物で代替することができたでしょうか?
>
> 　日常生活の中に深く溶け込んでいるビールには、例えば1日の仕事が終わった後の1口目に感じるビールならではの心に響く(癒される)おいしさに浸れる世界観があります。上記にような他のお酒にはないビールならではの逸話が生まれる所以と考えます。
>
> 　ビールがもつ世界観は、ビールがはるか昔から現在に至ってもなお、世界中で愛される飲料になりえている理由の一つなのかもしれません。

　以上の事例で記載した清涼飲料水とアルコール飲料のように、おいしい商品のものづくりの開発に加えて、商品がその商品ならではの世界観を消費者に抱かせ、癒しや潤いのあるこころ豊かな日常生活に導くことができるような商品の開発を行うことが肝要です(→ Column ❾)。

2　ひと手間かける商品

　最近の日常生活では、何をするにも利便性が問われる傾向があります。飲料を飲む際にも、ドリップコーヒーに対して缶コーヒー、急須で淹れ

たお茶に対してペットボトルのお茶、など。利便性を追求した飲料の品質も高くなっていますが、ひと手間かけた飲料には格別のおいしさを感じるのも事実です。

　栓がコルクのワインは、スクリューキャップのワインと比べて飲むまでにコルクを抜くのにひと手間かかりますが、そのひと手間をかけることでワインならではのおいしさをじっくりと味わいたいといった気分も生まれ、ワインを楽しみながら飲むことで得られる満足感も増していきます。RTD の缶入りレモンチューハイは便利においしく飲むことができますが、面倒でもレモンを絞ってつくったレモンチューハイは、ひと手間かけたといった感情も相まって格別なおいしさがあります。

　ひと手間かけるプロセスでは、例えば、焙煎・粉砕したてのコーヒー豆や絞ったレモンなどの原料そのものがもたらす香りを感じたり、コルクを抜いた時に発する音が聞こえたりといった五感を通して心地よさを感じることができます。それは、ひと手間かけることによってのみ感じることができるものです。

　さらに、利便性とは相反するひと手間に敢えてこだわった商品は、そのひと手間のかけ方の違いで自分のオリジナルのおいしさを創り出すことが可能となります。例えば、自分好みの最高級のコーヒー豆をその独特の香りを逃がさないようにシャンパンボトルに密封して最良の条件下で保管し、コーヒーを入れる際にはボトルを開けてワインのようにプシュッと音を聞きながら、自分好みの最高のコーヒーの香りを楽しむことができる商品があります。

　また最近では、容易には入手して楽しむことができない個性的な嗜好品を好む人が増えてきました。例えば、いろいろなメディアを通してえた情報をもとに特別なクラフトビールを入手したり、地域特産原料、薬

草、複数のスパイスを独自に配合したものを原料にしたクラフトコーラを楽しむ人などが増えています。

　ひと手間かけたことによって生まれる楽しさや満足感によりこころが豊かになれば、その商品に対する消費者の愛着が湧き、記憶にも強く残りやすくなります。食を楽しむためには労を惜しまない消費者をターゲットにした商品の開発が望まれます。

3 倫理感を醸成する商品

　昨今では企業の社会的責任（CSR）が求められており、環境対策やコンプライアンス、社会貢献、地域貢献、情報開示など、CSRに関わる企業の活動が顧客満足に影響する社会になってきています。商品開発を進めていく上においても、CSRを通して企業価値を高めるといった視点も重要になっています。すなわち、自社利益のみを追求して商品を開発するのではなく、企業の社会への影響に責任を持ち、社会が永続的に発展していくことに貢献するといったことを視野に入れた、倫理的にも正しい行動をしていることが商品を通しても見える開発が重要となっています。

　そのような商品の開発におけるキーワードとしては、サステナビリティ、環境・地球に優しい、社会貢献などが考えられ、それらキーワードを起点とした商品コンセプトの商品が、今後ますます消費者に受け入れられるようになると考えます。このような商品は、第2章第2節の「マズローの欲求5段階説」の最も高次な欲求を満たす商品と考えることができます。すなわち、「自己利益のためだけに行動することはしない、他を考えるあるべき自分になりたい」といった自己実現欲求を満たすこ

図1　国際フェアトレード認証ラベル
出所：フェアトレードジャパンのウェブサイトより。
https://www.fairtrade-jp.org/

とにより、こころ豊かになる商品に該当すると考えます。

　具体的な事例として、以下のようなコンセプトの商品開発があります。

① フェアトレード

　開発途上国の原料や製品を適正な価格で継続的に購入することにより、立場の弱い開発途上国の生産者や労働者の生活改善と自立を目指す「貿易のしくみ」をいい、そのフェアトレードに基づいて開発され、国際フェアトレード基準を満たした商品には国際フェアトレード認証ラベルを添付できます（**図1**）。

② グリーン調達

　製造に必要な原材料、資材などの調達に際して、環境に配慮し、環境負荷が少ないものを優先的に採用するグリーン調達により、商品を開発します。

③ クリーンラベル

　賞味期限を長くするために、本来は不要な添加物を添加している商品

が数多くあります。その背景には、賞味期限を長く設定しないと賞味期限切れによる商品廃棄（フードロス）が発生し、損失や廃棄物による環境問題をまねきかねないといったリスクがあるためです。

　非常食用など賞味期限を長く設定する必要がある商品は別として、今後は第 7 章第 3 節で記載したクリーンラベルに基づいた「添加物を使用しないシンプルな原料で商品化する」といった考え方に立った商品の開発が重要になると考えます。それらの商品は、使用する原料の種類が少なくなり、将来的には食資源が枯渇するといったリスクの低減に貢献できます。そして、子供を含めて安心して楽しく飲食でき、こころ豊かな生活につながります。

④　持続可能な開発目標（SDGs）

　持続可能な開発目標（Sustainable Development Goals：SDGs）とは、2015 年の国連サミットで採択された「持続可能な開発のための 2030 アジェンダ」にて記載された 2016 年から 2030 年までの国際目標です。**図 2** に示した持続可能な世界を実現するための 17 のゴールと 169 のターゲットから構成されています。

　事業収益に直接的に関与しない SDGs 達成に向けた世界の変化に対応した企業活動が必要となってきています。今後は、世の中の課題を認知し、その課題を解決することに価値創造の本質があると考え、SDGs を企業の中で浸透させて、商品開発という形で貢献していくことがこれからは重要になると考えます。企業活動において、「企業が置かれた環境の変化に適応できた企業が生き残る」といった時代になるのではないかと思います。

図2　SDGs のポスター

出所：国際連合広報センター　United Nations Information Centre のウェブサイトより。
https://www.unic.or.jp/

　これからは、その商品ならではの世界観を創り上げるといった価値創出にこだわり、そして人の心に直接的な癒しや潤いをもたらすだけではなく、商品を取り巻く環境、社会、地球の将来のあるべき姿や持続可能性も考慮した消費者の心に響く価値を併せもった商品を開発することが求められるようになると考えます。そのような商品により、人々が将来にわたってより心豊かな生活を送れることに貢献できれば、商品開発はより意義のあるものになります。今後そのような意義のある新商品が数多く生まれ、ロングセラー商品として世界に羽ばたいていくことを強く望みます（→ **Column ❿**）。

Column ⑩　環境変化に適応できた企業が生き残る

●　●

　「SDGs 8 働きがいも経済成長も」、「SDGs 12 つくる責任、つかう責任」を実行に移している事例として、まだ十分に食べられる食べ物が捨てられてしまう問題（フードロス）を解消するため、週3日の午後だけ店を開き、基本的には4種類のパンのみを売っている「捨てないパン屋」が広島市にあります。

　日持ちのしない具材をなくし、国産小麦を使用したシンプルなパンを販売することで、フードロスを解消し、従業員の労働時間も減らすことに成功しています（田村陽至『捨てないパン屋』清流出版、2018年）。

　日持ちのしない原料を含め、多くの食材を添加物とともに使用することで多くの種類のパンを長い時間をかけて製造し、売れ残ったパンを廃棄しているパン屋とは対極をなしています。商品開発の新しいあり方を示唆していると思います。

おわりに

　本書でも述べてきたように、食品企業間の競争は年々激しさを増しており、新商品を開発してもその商品が市場で生き残ることは難しく、また1つの商品を開発するために要する費用、期間も増加しています。

　したがって、商品開発に投資することができない企業は、自らは企業名を冠した商品をつくらずに、商品の製造を受託することに専念している企業もあります。そのような企業は、景気が良いときには受託量も多くなり収益を上げることができますが、受託がなくなれば企業として存続していくことが難しくなります。受託できる仕事の幅を広げていくことが生き残っていくためには重要となってきますが、そのためには乗り越えるべき技術的な課題が多くあり限界もあります。

　製造業は自らの強みを明確にし、それを活かして世の中から必要とされる新しい価値を生んでいくこと、すなわち新しい商品を開発することにこだわることが重要であると考えます。

　実際、商品開発は、開発するものの対象は違えども競争力のある多くの企業で非常に重要な位置を占めています。

　私は、自らの経験をとおして、継続的に購入してもらえる商品には必ず、人の心を動かし、人を喜ばせて楽しませることができる「理由」があることがわかりました。食品の製造業では、基本的には人の生理的欲求の一つである「食欲」を満たす商品を製造しています。人は何も飲食しないと必要な栄養分を摂取することができずに死につながるため、「食欲」は非常に強い欲求の一つになります。したがって、「食欲」は人の心を動かす「理由」の一つになります。食品業界が景気の影響を受けにくい業界であるといわれている所以です。しかしながら、先進国では

食べ物が豊富にあるため、「生きていくために空腹を満たしたい」という欲求よりも「おいしいものを食べたい」という欲求のほうが強くなっています。人は、楽しみたい、満足したいといった潜在的な欲求を満たすために「おいしいものを食べたい」といった顕在的な欲求を満たす行動をとると考えることができます。すなわち、「おいしさ」が人の心を動かす「理由」になっています。食品関連の企業は、この欲求を満たすことを通して、こころが豊かになり、幸せになることに貢献することを目指し、商品開発に精力的に取り組んでいます。今後も、この方向性は変わらないと思いますが、「おいしさ」以外にも人の心を動かす「理由」が存在する商品の開発が望まれます。

本書では、飲料の商品開発における基本プロセス全体を俯瞰し、今後必要とされるであろう新しい価値の方向性についても述べました。一方で、今後、技術が飛躍的に進歩し、社会の仕組み自体が大きく変化した場合には、求められる価値も大きく変化していくと考えます。例えば、現在、人が行っている多くのことをロボットが代行するような時代になれば、人は自由になる時間が大幅に増えることが予想されます。人間にとって、ロボットは役に立つ便利なものではありますが、利便性の追求は人に真の喜びや楽しさを提供することにつながりません。人は苦労して何らかのことをやり遂げた時に、喜びを感じます。ゲームをしたり、スポーツをしたりといって何らかの行動に出た時に人は楽しみを感じ、こころが豊かになります。将来、自由な時間が多くなってきた時代に、喜びたい、楽しみたい、そして満足したいといった欲求に対して、「食」が果たす形も現在とは変わってくると考えます。

終章第2節にも述べましたが、将来的には、企業で開発された画一的な商品だけでは満足できず、消費者自らが購入してきた商品にひと手間

かけるだけで簡単に自分オリジナルの飲食物をつくることができ、たとえ1人での飲食であっても、お腹を満たすだけではなく、おいしく楽しめ、満足することができるような商品が求められるのではないかと思います。その際に、健康の維持・増進を目指す上で自分自身が不足している成分が豊富な食材が含まれているような商品をベースにひと手間かけて飲食できれば、満足感もひとしおではないかと思います。さらに、自分1人だけではなく、ひと手間かけたオリジナルの飲食物を家族などと共に飲食することで、飲食により生まれる楽しさや満足感を自分以外の人にも供することができれば、自分自身の心にも大きな潤いを感じることができると思います。

これからの時代は、いかにして心に潤いや豊かさを感じることができるかが注目を浴びるようになり、そこで食が果たすべき役割は大きくなってくると考えます。食の商品開発は、これからますます重要な役割を担うようになってきます。本書がその一助となれば幸いです。

2021 年 1 月 8 日
内田雅昭

索　引

◆ 著者紹介

内田　雅昭 (Uchida, Masaaki)

公益財団法人サントリー生命科学財団 部長。
1985 年、サントリー株式会社（現 サントリーホールディングス株式会社）に
入社。以来、新商品開発、ビール醸造科学や嗜好科学に関する基盤研究・
新規技術開発、ビール工場や食品工場での製造マネジメントなどに 33 年
間にわたり従事。サントリーグローバルイノベーションセンター株式会社
上席研究員を経て、2019 年より現職。

学　歴
1985 年　京都大学大学院工学研究科修士課程修了。
2000 年　京都大学より、工学博士を授与。

受賞歴
1997 年と 2001 年に、エリック・ニーン記念賞（Eric Kneen Memorial
Award）をアメリカ醸造化学者学会（The American Society of Brewing
Chemists）より受賞。

シリーズ食を学ぶ
食の商品開発——開発プロセスのA to Z

2021 年 3 月 22 日　初版第 1 刷発行

著　者　内田雅昭
発行者　杉田啓三

〒 607-8494　京都市山科区日ノ岡堤谷町 3-1
発行所　株式会社　昭和堂
振替口座　01060-5-9347
TEL（075）502-7500／FAX（075）502-7501

ⓒ 2021 内田雅昭　　　　　　　　　　印刷　モリモト印刷
ISBN 978-4-8122-2011-5
＊落丁本・乱丁本はお取り替えいたします
Printed in Japan

シリーズ食を学ぶ 食科学入門
──食の総合的理解のために

朝倉敏夫・井澤裕司・新村　猛・和田有史 編
定価　本体2,300 円+税
ISBN978-4-8122-1705-4

「シリーズ食を学ぶ」の刊行計画は
昭和堂のウェブサイトをご覧ください。
http://www.showado-kyoto.jp/news/n37959.html

図書出版 昭和堂